水道、再び公営化！

欧州・水の闘いから日本が学ぶこと

Kishimoto Satoko

はじめに――奪われる「水への権利」

気兼ねすることなく、グラスいっぱいに水を注いで喉を潤す。清潔な水で洗濯機を回す。蛇口をひねるだけで安全な水を享受できていたのが、水に恵まれた私たちの日本であった。

これまで当たり前だったそうした日常が、私たちから奪われつつあると言ったら、驚かれるだろうか。

日本で上水道事業の民営が可能になったのはご存知だろう。そのニュースは時に朗報であるかのように報道され、老朽化するインフラを維持・修繕するための魔法の処方箋のように扱われる。しかし、本書で詳しく述べるように、そうではない。

むしろ、民営化は、私たちの「水への権利」を奪うものなのだ。このままでは、気兼ねなく水を使うということさえも富裕層のための「特権」になってしまうだろう。

そうした岐路に立つ日本のみなさんに是非、知っておいてもらいたいのが、欧州で巻き起こっている「水への権利」運動だ。

欧州の水道事業は、民営化によって問題が山積している。料金の高騰によって、水を飲んだり、使ったりすることを躊躇(ちゅうちょ)せざるを得ない「水貧困」世帯も増加してきた。

そうした状況に直面した欧州の市民は、民営化以降の問題を解決するために、再び公営化することを求めて声をあげるようになってきた。そうした運動のなかで人々が気づいていったのは、国民の財産である水道を投資家に売り飛ばすことの愚かしさだった。

欧州のさまざまな町を舞台にした、「水への権利」を取り戻そうという市民の闘いは、確実に仲間を増やし、成果をあげつつある。再公営化を選ぶ自治体が急増しているのだ。

アムステルダムの政策シンクタンクに私は籍を置き、欧州各地の公共政策、とりわけ水道政策のリサーチをしながら、市民運動の活性化のためのコーディネイトを行ってきたが、運動の粘り強さと、そこから生まれるアイディアやクリエイティビティには驚かされるばかりだ。

水という権利を市民がその手に取り戻すことは、つまりは民主主義に他ならない。欧州・民主主義の最前線で、市民が試行錯誤しながら、何を生み出しているのか。それを本書では、できるかぎり、わかりやすく伝えていきたいと思う。

ここに危機に陥った日本を救い出すヒントが埋まっているからだ。

目次

第二章　水メジャーの本拠地・パリの水道再公営化

水メジャーの国・フランスの逆転劇
ずさんな財務報告書
パリ市長の挑戦
グルノーブル市からの助け舟
潮目が変わった二〇一〇年
再公営化で収益が改善
公社とパリ市の相互チェック
市議が参加する「オー・ド・パリ」理事会
市民が意見を述べるフォーラム
水道事業者が水源保護に取り組む
有機農業の推進もミッション
無料で飲料水を提供する
再公営化で長期視点の経営が可能に

第八章　日本の地殻変動

第一章　水道民営化という日本の危機

▼水道民営化を宣言した麻生副総理

ある日、アムステルダムのオフィスでパソコンを立ちあげると、日本の友人からのメールが目にとまった。タイトルには「麻生の水道民営化発言」とあり、この動画を見てくださいと書いてある。リンクをひらくと通訳とともに、麻生太郎副総理の姿が映し出された。[1]

「水道というものは、世界中ほとんどの国ではプライベートの会社が水道を運営しておられますが、日本では自治省（ママ）（自治体）以外ではこの水道を扱うことはできません」

「（日本では）水道はすべて国営もしくは市営・町営でできていて、こういったものをすべて民営化します」

私は意表をつかれて、パソコンの画面を見守った。訪米中だった麻生太郎副総理・財務大臣が、ワシントンの民間シンクタンクＣＳＩＳ（戦略国際問題研究所）で日本の水道民営化を高らかに宣言していたのだ。

水道の民営化がもたらす問題を専門にしていながら、あのとき「あっ」と私が声をあげてしまったのは、今、振りかえっても無理はなかったと思う。

というのも二〇一三年四月のあの段階で、「日本国内の水道をすべて民営化する」というような方針は、国会でなんの議論もされていなかった。しかもこの発言には数多くの事実誤認がふくまれていた（「自治省」と「自治体」の言い間違いもそのひとつだ）[2]。

もちろん、公共サービスを民営化する機運は高まっていたが、日本の副総理が海外に向けて、上水道の民営化をあたかも政府の既定路線であるかのように発言するというのは許しがたいことだった。

水は人々の権利だ。誰もが生きていくために必要とする水について考えることは、民主主義のもっとも重要なポイントだと私は考えている。ところが、日本の国民が公の場で議論を本格的に始める前に、アメリカの首都で日本の水道の民営化を既定路線であるかのように一国の重要閣僚が言明したのは、民主主義への冒瀆（ぼうとく）でしかない。

ちょうどそのころ、私が在住する欧州では、市民のあいだで水への権利についての議論が深まり、再公営化を勝ち取るプロセスが加速しようとしていた。これぞ、民主主義だと思いいたった時期に、それとはまったく違う、非民主主義的な会見を見せられてしまったのだ。

▼海外の水道事業は民間が運営?

麻生副総理の発言には数多くの誤りがふくまれているが、そのなかでも「水道というものは、世界中ほとんどの国ではプライベートの会社が水道を運営して」という発言は、とんでもない間違いだ。

民間の事業者が水道の供給に占める割合は、この会見のあった前年の二〇一二年の時点で全世界の一二%にすぎなかった。[3] また、国単位でみたときに、民間水道が五〇%を超える国はイギリス、フランス、チェコ、チリ、アルメニアのみであった。[4]

私は手元の資料を確かめながら、怒りとともに、この事実誤認について日本の友人に返信をしたのを覚えている。

では、なぜそのような嘘(うそ)をつき(そうでなければ事実を誤認したままで)、日本の閣僚は、ワシントンのCSISで水道民営化構想をぶちあげたのだろうか。ひとつには、CSISが新自由主義的改革を強力に推し進めるフロントランナーであるからだ。

一九八〇年代以降、公的債務のふくらんだイギリスとアメリカでは新自由主義の嵐が吹き荒れ、「官から民へ」のかけ声のもと、公共サービスの民営化が続いた。各国政府も、世界銀行などの国際機関も、そしてＥＵ（欧州連合）も、こんなふうに考えるようになった。

公的セクターは非効率的で、運営コストが高い。民間でできることは民間に任せ、企業が得意とする効率化で経費を節減すれば、公的支出や新たな債務を抑えられる――。

そして、彼らは、非営利が原則の公共サービス部門の運営に企業経営的な手法をもちこんだ。そのとき、キー・プレイヤーになるのが、民間の大企業だ。

しかし、公共サービスを民営化すればコスト削減になるというのは、本書で述べる数多くの事例でわかるように間違いだ。民営化すれば、企業が利益をあげ続ける必要があるため、かえって市民の金銭的負担が増えるのだ。

また、民営化宣言がＣＳＩＳで行われたのは、それ以上に問題だった。ことは単なる公共水道の民営化宣言などではない。

公共水道を外資系水メジャー（上下水道事業を行う国際的大企業）に売り渡すという、日本政府から世界に向けた対外公約に等しい。麻生副総理の発言を聞いて、新自由主義陣営やグローバル資本は小躍りして喜んだはずなのだ。

▼「PPP／PFI推進室」に水メジャー社員が出向

この麻生副総理のワシントンでの発言から五年。二〇一八年についに改正水道法案が日本の国会で議論され始めた。

そのさなか、大きな疑惑が持ちあがった。水メジャーとも、ウォーター・バロンとも呼ばれるフランスの巨大企業、ヴェオリア社日本法人の社員が、内閣府に出向していた。しかも公共事業の民営化を担当する「民間資金等活用事業推進室」に政策調査員として二〇一七年春から在籍していたというのだ。[5]そこに利益誘導はあったのか、なかったのか。

ところで、この推進室とは「PPP／PFI推進室」とも呼ばれるが、「PPP」とは「官民連携」(Public Private Partnership) の略語で、公共サービスの運営に民間を参画させる手法を指す。もうひとつの「PFI」(Private Finance Initiative) とは、「公共施設等の建設、維持管理、運営等を民間の資金、経営能力及び技術的能力を活用して行う新しい手法」だと内閣府は説明する。

つまり、官民連携や民営化を推進する司令塔とでもいうべき部署が「PPP／PFI推進室」である。そこに、当該の民間企業から出向したスタッフがいたわけだ。

▼改正水道法案審議中の追及

「最もこの法案で利益を得る可能性のあるヴェオリア社、水メジャーですよね。（略）まさにその担当者がこの内閣府PPP／PFI推進室にいるんですよ。これって、受験生がこっそり採点者に言って自分の答案を採点しているようなものじゃないですか」[6]

この驚愕の事実を参議院の厚生労働委員会で社民党の福島みずほ参院議員が明らかにしたのは二〇一八年一一月二九日のことだった。

このとき、国会では改正水道法の審議が大詰めを迎えていて、法案にはコンセッション方式が盛り込まれていた。コンセッション方式とは、公共施設の所有権をもった自治体が、「運営権」を民間企業に売却する、民営化手法のことである。法案が成立すれば、外資系水メジャーが本格的に日本に進出することになると予測されていた。

そんな折に、世界三大水メジャーのひとつ、ヴェオリア社の日本法人社員が水道民営化を進める内閣府でPPP／PFI推進を担当していたというのだ。

福島議員の「利害関係者の関与」ではないかという追及に、内閣府は「ヴェオリア社と利害関係はない。女性職員は政策立案に関与しておらず、単に資料を持参したり、メモを取るなどの業務を担当しているにすぎない」と釈明に追われた。

しかし、この女性職員はもともとＰＰＰの専門家である。[7]「ＰＰＰ推進室」での議論や検討内容がこの職員を通じて、ヴェオリア社に筒抜けになっていたとしたらどうだろう。それで水メジャーの日本進出に有利な内容が改正水道法に盛り込まれるようなことがあれば、それは悪質な利益相反である。

水道法改正の背景にはコンセッション方式によって水道事業運営を受託し、巨額の利益をあげたい水メジャーが蠢（うごめ）いているのではないか――。福島議員ならずとも、まともな思考をもつ人ならそう疑念を深めるのは当然のことだろう。

国会の審議中には改正水道法の骨格づくりをしてきた福田隆之官房長官補佐官が辞任するという事件もあった。視察先のフランスでヴェオリア社と、同じく世界三大水メジャーのひとつであるスエズ社から接待を受けていたのではないかと指摘する怪文書が出回った直後のことだ。[8]

しかしながら、こうした利益相反の事実は掘り下げられることなく、この年の末、改正水道法は審議不十分なまま可決された。

この改正により、日本の上水道の民営化が自治体の判断で可能になるばかりか、政府が民営化を後押しする土壌が整った。

　コンセッション方式による民営化が欧州では大きな問題を引き起こしているという事実を、日本の市民が熟知し、それぞれの町で民営化を阻止しなくては大変なことになってしまう。水と民主主義を専門にしてきた自分の役割の重さを感じながら、法案可決のニュースをやはりアムステルダムで聞いたのだった。

▼危ういコンセッション方式

　このコンセッション方式について少し踏み込んで解説をしておこう。コンセッション方式が日本の国内法に登場したのは改正水道法がはじめてではない。東日本大震災が発生した二〇一一年にＰＦＩ法が改正され、「公共施設等運営権方式」（コンセッション方式）がはじめて明記された。

　この改正によって、議会の議決で公共施設等の「運営権」を民間企業に売却し、その維持管理や運営を包括的にさせることが可能となった。

　ここで誤解しがちなのは、「運営権」ということばだ。この「運営権」は単なる契約上の地位ではない。法によって設定された物権（財産権）を指す。

そのため、企業は「運営権」を別の企業に売りわたすことができるのだ。また、担保権としても機能するため、この「運営権」を担保として金融機関に差し出せば、融資を受けることもできる。

この一点からも、コンセッション方式が地方自治法にある「指定管理者制度」を活用した業務委託やアウトソーシング（外部発注）とはまったく次元の異なるものであることがわかるだろう。コンセッション方式では企業の判断によって、他者に「運営権」を売り払うこともできるのだ。

ある会社を信頼して水道事業を委ねていたのに、気づけばどこの誰かもわからない別会社が「運営権」を手中にすることもあり得る。これでは安定した水の供給は危うい。

ところが、水道法改正の審議で、安倍政権は繰り返しこう答弁してきた。

「改正水道法がめざすのはコンセッション方式であって、民営化ではない」

コンセッション方式では水道施設の所有権は自治体に残る。したがって、世論が懸念する民営化などではないと、政府は言い繕いたいのだろう。だが、コンセッション方式とは「運営権」の取り扱いだけをみても、その内実はずばり、民営化そのものなのだ。

▼災害対応ができなかったコンセッション事業・関西空港

内閣府はコンセッション事業の重要分野として空港、道路、水道、文教施設、公営住宅などを掲げているが、有名なのは、関西国際空港と大阪（伊丹）国際空港だろう。

両空港の運営権を手中に収めたのは、フランス資本のヴァンシ・エアポートとオリックスを中心とするコンソーシアム「関西エアポート」である。四四年にわたる契約だ。年間四九〇億円、全契約期間の総額で二兆二〇〇〇億円の運営権料。当時、一兆三〇〇〇億円もの負債を抱えていた関空にすれば、コンセッション方式を導入するだけで、巨額の負債を解消してお釣りがくる計算だ。まさに「打ち出の小槌（こづち）」にみえた。

ただ、この「打ち出の小槌」には危うさがつきまとう。災害対応がなおざりになるのだ。たとえば二〇一八年九月の台風二一号だ。関西空港が冠水や連絡橋の破損により、およそ八〇〇〇名の乗客が空港から外に出られず、施設内で孤立したのは記憶に新しい。

コンセッション方式では、こうした事業リスクは運営権者が負担する。しかし、「関西エアポート」は迅速な災害対応を取ることができず、台風直撃から丸二日間閉鎖されたが、「空港の再開予定なし」と言いわけのようなプレスリリースを出すのが精一杯だった。

その後の復旧も遅れに遅れ、ついには業を煮やした国交省が緊急タスクフォースを発足させ、復旧プランの策定に乗り出さざるを得なかった。

事業リスクを運営権者に負わせることが、インフラに責任をもつ行政のあり方としてはたして適切なのか。この被災によって、コンセッション方式の問題点とその限界があらためて問われたのは言うまでもない。

ましてや、水道事業をコンセッション方式で行ったら、どうなるのか。飛行機を利用しない人がいても、水を飲まずに生きられる人はいない。すべての人が三六五日、必要とするのが水であることを考えれば、水道事業をコンセッション方式で行うリスクの大きさはすぐにわかるだろう。

このような巨大なリスクにもかかわらず、改正水道法により、日本ではコンセッション方式による水道民営化が広がろうとしているのだ。

▼世界は再び公営化へ！

だが、世界に目を転じるとまったく違う光景が出現している。水道の民営化が行われている国々で、再公営化の波が押し寄せているのだ。フランス、ドイツ、アメリカ、カナダ、マレーシア、アルゼンチンなど……。しかもその速度が二〇一〇年以降加速している。

再公営化とは民間企業による事業から公的事業へと、公共サービスを市民の手に取り戻すことである。民間企業による資産所有やサービスのアウトソーシング、PPPなど、さまざまな形態で民営化された公共サービスを公的所有、公的な管理、民主的なコントロールに戻す道筋と言ってもよい。

私の所属する政策NGO「トランスナショナル研究所」は、世界の水道の再公営化の事例がいくつあるのかを二〇一五年にはじめて調査した。

調査の目的のひとつは世界銀行グループの調査に対抗することだった。官民連携を積極的に推進する世界銀行グループは、PPPプロジェクトがどれだけ広く採用されているかを示すデータベースなどを作って情報を発信しているのだ。

だから、その逆の流れ、再公営化の潮流が実際には目立ってきていることをデータで示すことが重要だったのだ。そしてまずは水道事業について調査しようというのが私たちの試みだった。

そのリサーチによれば、世界各国で二三五の水道事業が民営から再び公営に転じていた。この再公営化の恩恵を受けた人口は一億人を優に超える。[9]

水道の再公営化の勢いはその後もとまらず、二年後の二〇一七年に行った調査では世界三三ヵ国で二六七の再公営化事例が確認された。わずか二年のうちに、三三一の自治体で再公営化が進んだわけだ[10]。

そして二〇一七年のリサーチでは、水道以外の重要な公共サービスの再公営化事例も調査を行った。電力、地域交通、ゴミ収集、教育、健康・福祉サービス、自治体サービスを加えた七分野である。結果は驚くべきものだった。水道とあわせた七つの公共サービス分野において、四五ヵ国から八三五もの事例が集まった。自治体数で言えば、一六〇〇以上の市町村が再公営化を果たしたことがわかったのだ[11]。

さらに二年後の二〇一九年の調査ではインターネットブロードバンドをふくむ通信サービスを調査の対象に加えた。結果、再公営化および公営化の合計数は一四〇八件となった。水道事業の再公営化の事例だけでも三一一事例にのぼった[12]。

この事実は水道事業だけでなく、公共サービス全般にわたって脱民営化・再公営化・公営化の数が年々増加していることを示している。

ではなぜ、一度民営化された公共サービスが、多くの国々で続々と再び公営化されているのか。答えはシンプルだ。民営化された後の事業の質の低下がひどく、運営がずさんかつ不透明だからだ。

ＰＰＰ／ＰＦＩモデルは自治体の支出や債務の削減を目的に、公共サービスの効率化を掲げて導入されることが多い。「公的セクターは効率が悪いから、公共サービスを民間企業に任せて経費を節減すればよい」という神話が信じられている。日本でも世界でもこのような「新自由主義の神話」が幅をきかせてきた。ところが、実際に公共サービスを民営化してみると、次々と不都合なことがもちあがったのである。

▼水道料金の高騰

たとえば水道事業では、民営化で料金が安くなるという水メジャーのセールストークに反して、逆に料金の高騰するケースが各国で続出している。

なかには企業側が四倍もの水道料金を通告してきた事例もある。ポルトガルの人口五万人のパソス・デ・フェレイラ市だ。二〇〇〇年に市は民営化の契約を結んだ。前市長は、実際よりも多い水需要計画にもとづいて企業に収益を約束していたが、人口が減少する町で水需要が拡大するはずもなく、企業側は予想した収益が得られないとわかると、水道料金を四倍に値上げした。そのうえ、企業側は、約束された収益を補てんするため市に一億ユーロ（約一二〇億円）の補償請求書まで送りつけてきた。[13]

小さな町が企業を誘致するために現実にそぐわない楽観的な予測を立て、企業はそれを知りながら料金収入でまかなえなかった分の収益を自治体に請求する。企業にとってはなんのリスクもなく、結局このようなずさんな契約のツケを払うのは住民である。

極端な人口減のない町でも、民営化による料金高騰は後を絶たない。

契約期間が数十年と長期にわたるだけに、水サービス企業が「運営権」を取得する際に自治体に支払う対価は巨額となる。しかし、その代金を水サービス企業が自社の資金から支払うわけではない。多くの場合、「運営権」を担保にして市場や金融機関から必要な資金を調達して、自治体への支払いとする。その債務の利息は当然、自治体や公的機関が低利の公的資金を借り入れた場合より高くつく。

加えて民間企業の場合、当然のことながら、社員の給与以外にも役員への報酬、株主への配当、さらには複雑なコンセッション契約を処理するための高額な法務費用などもコストとして発生する。親会社がある場合はその分の利潤も確保しないといけない。

こうした運営コストは公営の水道事業では不要なものだが、民営化すれば、多くの場合、住民の支払う水道料金に反映されてしまうのだ。

その一方で、水道事業は自然独占（消費者が水道管を選ぶことはできないために自然と地域一社独占になること）なので、水サービス企業は一度運営権を手中にすれば、その後は誰とも競争することなく、安定した利益を貪り続けることができる。グローバル資本にとって、水道事業ほどおいしいビジネスはない。そのため、今後も世界中で多くの人々が水メジャーによる水道サービス民営化の脅威にさらされることになるだろう。

▼民営化の落とし穴

欧州をはじめ世界各国で公共サービスの民営化が本格化したのは、先にも述べたように一九八〇年代の新自由主義改革以降のことだ。それから三〇年たち、ＰＰＰ／ＰＦＩの問題点が次々と明らかになり、民営化の見直し、すなわち再公営化の機運が高まっている事実は重い。

ここまでの話もふくめ、見直しの理由をまとめておこう。

①　人員削減によるサービスや品質の低下
②　設備投資の不足
③　民間事業者の監督が困難

④　適切な水道料金設定が困難
⑤　財務状況の不透明性

こうしたデメリットが表面化し、民営化のトップランナーだったイギリスやフランスでは「民営化が最善」という神話は確実に崩壊へと向かいつつある。

しかし、このように民営化のデメリットが知れわたってきても、いったん民営化した水道サービスを再び公営に戻すプロセスは平坦ではない。

詳しくは本書で順を追って説明していくが、水道事業の再公営化を可能にする条件をひとことで言えば、「民主主義」が強力に駆動することだ。そうでなければ、再公営化は進まないのだ。

▼水から始まる民主主義

欧州で水道の再公営化が進んできたのは、明らかに市民運動のおかげだ。第六章で詳しく触れるスペインのバルセロナ市では、再公営化を求める水の権利運動から地域政党「バルセロナ・イン・コモン」（現地語名バルサローナ・アン・クムー）まで誕生し、市長を二期連続して擁立することにも成功した。

水は権利、という言い方がある。国連もそう規定している。[14] それをもう一歩進めて考えれば、水から民主主義が生まれるとも言えるのではないか。私の周囲で水の権利運動をしている仲間たちのあいだでは共有されている意識だ。

それを民営化が始まろうとしている日本にどううまく伝えればよいのかと考えていたときに、出会ったことばがある。「〈コモン〉から始まる、新たな民主主義[15]」という表現だ。

先に〈コモン〉とは、なにかを説明しよう。「民主的に共有され、管理されるべき社会的な富」のことだ。日本語には〈共〉と訳されたりもするし、社会的共通資本（Social Common Capital）という用語とも重なる。「社会的共通資本」は経済学者・宇沢弘文氏が提唱した概念で、産業や生活にとって必要不可欠な社会的資本を示す。

水道、鉄道、公園といった社会的インフラストラクチャー、報道、教育、病院などの制度、森林、大気、ひいては地球全体の環境が〈コモン〉だろう。言い換えれば、個人であれ、企業であれ、私的な所有に閉じ込めず、みんなで未来を考えながら、民主的に管理する必要があるものが〈コモン〉なのだ。

『未来への大分岐』という本のなかで、政治哲学者マイケル・ハートは、〈コモン〉をそのように定義して、水や電力という〈コモン〉を市民の自主管理に近づける試みが重要だと指摘している。

そして、そのハートとの対話を受けて、経済思想家・斎藤幸平氏はこうまとめている。「民主的な方法で〈コモン〉を管理するという経験が、民主的な政治と制度のための基礎になる」と。

そうした模索が、じつはすでに欧州のあちこちで始まっている。国や自治体任せにするのではない、再公営化への道を歩もうとしているのだ。

もちろん、再公営化が民営化の流れを完全に覆すような趨勢にはなっているわけではない。新自由主義という川の主流にくらべれば、再公営化は支流にすぎない。しかし、人々が自らの手に〈コモン〉を取り戻そうという運動は、民営化の流れを変えるべく、日々、積み重ねられている。

本書では、水という〈コモン〉から始まる、新しい民主主義の胎動を追いかける。私はその新しい民主主義とこの一〇年間、伴走し、人と人、地域と地域を結びつける触媒のような仕事をしてきた。

この「経済の民主化」とも呼べる動きのなかに、民営化の危機にさらされる日本の水道を守るヒントがつまっているのは間違いない。欧州の事例と新しい市民運動の流れを紹介しながら日本の水道を民営化から守る方策を探っていきたい。

第二章　水メジャーの本拠地・パリの水道再公営化

▼水メジャーの国・フランスの逆転劇

私の所属するトランスナショナル研究所が二〇一九年の調査で確認した、水道の再公営化は三一一事例あったと述べたが、そのうち三割以上を占めるのはじつはフランスである。巨大水企業ヴェオリア社とスエズ社の本拠地であり、民営化の歴史は世界でもっとも長い。ところが、そのお膝元で異変が起きているというわけだ。

二〇〇一年の段階では、フランスの総人口の約七二％が民間企業による上水道のサービスを受けていた。まさに民営化大国だ。ところが、二〇一六年にその割合は六〇％にまで低下した。逆に公営の事業体のサービスを受ける人口が、二八％から四〇％にまで増加した[1]。再公営化の波が、フランスに押し寄せているのだ。なぜそのようなことが起きているのか。

この章では、最初にパリ市の水道事業にスポットをあてたいと思う。ヴェオリア、スエズの本社はフランスの首都、パリ市にある。水メジャーにとって、パリは創業の地とでも呼ぶべき場所である。

パリで近代的な上下水道が整備されたのは一九世紀半ば、フランス第二帝政の時代だった。ナポレオン三世の命を受けたセーヌ県知事オスマンのもとで都市計画が作られ、重要な都市インフラとして上下水道網、無料の公共給水栓、公共インフラの清掃用散水システムなどが整備された。[2]

それまで人糞（じんぷん）で悪臭に満ち、ときにはコレラが大流行するなど、不衛生な都市の代表とされてきたパリが、世界でもっとも清潔で美しい都市へと生まれ変わることになった。

その規模は壮大で、「回廊」と称される暗渠（あんきょ）状の地下水道網に敷設された水道管の総延長距離は一八八五年に二〇〇〇km、一日あたりの水消費量も四〇万m^3にまで拡大した。

オスマンの整備した水道の運営を一八六〇年に請け負った民間企業が二社ある。そのうち一社が、ヴェオリア・ウォーター社の前身であるジェネラル・デゾー社だ。ナポレオン三世の勅命により一八五三年に設立された企業で、設立当初はリヨン市の水道事業を請け負っていた。これが世界で最古のコンセッション契約だと言われている。もう一社は、スエズ社で、こちらは一八五八年に設立されている。[3]

パリ市の水道事業は、その後、時代によって変遷はあるが、市と民間企業の両方が水道事業にかかわる形で、推移してきた。おおまかにまとめれば、パリ市が水の確保と幹管の敷設・管理を担い、民間企業は、個人契約者への枝管の敷設や料金徴収業務を担うというものであった。

そのようにパリ市が主に運営してきた水道に、大きな変化が起きたのは、新自由主義の嵐が始まった一九八五年のことだった。のちに大統領となるジャック・シラクがパリ市長の時代に、市は、水道事業全体について、両社と二五年間のコンセッション契約を結び、民営化をしたのだった。

その後、フランス政府の後押しを受けて両社は大々的に世界進出をはかり、水メジャーとして確固たる地位を不動のものにしたようにみえた。

ところが、ヴェオリアとスエズの両社は、パリという貴重な「ショウウィンドウ」を失うはめとなる。パリ市が水道サービス事業を再び公営化してしまったのである。二〇一〇年のことだ。

▼ずさんな財務報告書

パリの水道料金は一九八五年の民営化以降、二〇〇九年までに二六五％も値上がりした。この間の物価上昇率は七〇・五％であった。[4] それに比べてはるかに大きい上昇率だ。

水道会社が提出する財務報告書もパリ市にとっては不満のタネだった。報告書には利益率や老朽化した水道管更新のための再投資額などが書き込まれていた。平均の利益率は六〜七%と報告されたが、それを確かめるすべはなく、パリ市は水メジャーが示すデータをただ鵜呑(うの)みにするほかなかった。

一九世紀から一九八五年まで、個人契約者への枝管の敷設と料金徴収業務をヴェオリア社に委託している以外、パリでは基本的に上下水道は公営であったが、一九八五年の民営化の際に、水道事業は三つの事業者に分離された。新設されたSAGEP社が取水から送水までを行い、配水から給水までは右岸と左岸に分けてヴェオリアとスエズのそれぞれの子会社が担当。料金徴収は両社が出資する会社GEIが行うこととなった。

しかし水メジャー二社がそれぞれSAGEP社の一四%の株式も保有しており、その独立性には疑問符がついた。親会社・子会社の関係、株の持ち合いなどが複雑に絡みあい、財務は不透明になっていった。

パリ市にとって「企業の経営を監督できる」というモニタリング条項は有名無実となり、実際には機能しなかったのである。

▼パリ市長の挑戦

こうした状況を問題視し、水道事業の再公営化への困難な道のりを歩み始めたのが二〇〇一年に市長に就任した社会党のベルトラン・ドラノエだった。

手始めに、緑の党所属のアン・ル・ストラ副市長をＳＡＧＥＰ社のＣＥＯ（最高責任者）に任命し、再公営化が財政面、技術面、人事面でどのような影響・効果をもたらすのか、調査することを指示した。副市長は精力的に調査を行い、以下のような答申を市長に提出した[5]。

水道事業の民営を継続するよりも再公営化をすべき。それにあたっては水メジャー二社との契約を期間の途中で打ち切るより、二〇〇九年末のコンセッション契約満了時を待って移行することが妥当である——。

この答申を受け、ドラノエ市長が動き出したのは二〇〇七年。再公営化に向けて、ふたつの取り組みを始めた。

①　ヴェオリア、スエズ両社の保有するＳＡＧＥＰ社の株を市が買い取る

② 両社が合同で設立した水道料金徴収会社ＧＥＩを解散させる

このふたつの政策が、議会の承認を経て、実行に移されると、かなりの金額を節約できることがわかった。水道事業を分断して民間企業に任せているよりも、公共サービスとして統合的に自治体が自ら行うほうがずっと効率的であることが実証されたのである。

自信を深めたドラノエ市長は、水道事業の再公営化を公約に掲げて翌年の市長選に再出馬。見事に再選を果たすと、もう勢いはとまらない。二〇〇八年一一月、市議会は翌年の契約満了を機に再公営化することを決議した。

コンセッション契約終了時に、市民が左派市政を支持したために、パリ市は水メジャー二社と手を切ることができたのだった。

▼グルノーブル市からの助け舟

この決定にあわてふためいたのがヴェオリアとスエズだった。両社の幹部は当初、ドラノエ市長の再公営化の公約を単なる選挙用スローガンとみなし、再公営化が実現することはないだろうと高をくくっていた。再公営化までには多くの実務的なハードルがあり、たとえドラノエ市長が再選を果たしてもそのハードルをクリアできるはずがないと予測していたのである。

　ところが、ドラノエ市長とストラ副市長は、契約終了とともに、公営化の担い手となる水道公社「オー・ド・パリ」（一〇〇％パリ市出資による公営管理、株式なし、独自予算の半独立法人）を設立し、もっとも厳しいハードルになると目されていた情報システムの移行を乗り切ったのだ。

　水メジャーが開発した水道のメーター計測や料金徴収などをふくむITシステムは、パリ市の情報システムとは互換性がなかった。そのため、パリ市は「オー・ド・パリ」の操業がスタートする二〇一〇年一月までに、市の情報システムと連結した水道用の新たなITシステムを再構築しなければならなかった。

　再公営化決定から「オー・ド・パリ」操業開始まで、わずか一四ヵ月。短時間での情報システム刷新は困難を極め、ITシステムの再構築や労働者の移行など再公営化のための費用はかさんだが、そのなかで幸いなことがあった。

　経営腐敗を理由にスエズ社との契約を打ち切り、二〇〇一年に再公営化を果たしていたグルノーブル市がノウハウ提供などの支援を申し出てくれたのだ。その協力もあって、パリ市は短期間のうちに情報システムを整えることができた。

こうした自治体どうしの助け合いは、再公営化の物語のなかでの、小さなエピソードではない。グローバル資本とEUや国家が結託していく流れに対抗するために、市民の声が届く自治体どうしの連携やサポートが、重要な鍵となる。

私の仕事の一部は、その交流や連携を促すような環境づくりなのだが、その発展形が「ミュニシパリズム」という考え方であったり、「フィアレス・シティ」(恐れぬ自治体)という国際的な自治体の集まりの取り組みであったりする。それについては第七章で詳しくお伝えしたい。

▼潮目が変わった二〇一〇年

ともかく、こうして、二〇一〇年一月一日はパリ市にとって、民間経営にピリオドを打ち、公営サービスによる水供給を再開させた記念すべき日となった。

同時にヴェオリア、スエズの両社にとっては多額の利益をもたらす人口二二〇万人の巨大な市場を失ってしまった日でもあった。しかも、パリ市は単なるマーケットではない。世界進出に向けた最高の「ショウウィンドウ」でもある。当然、世界は疑念を深めるはずだ。お膝元のパリ市で、どうして水メジャーはお役ご免となったのか。民営化すれば、安いコストで良質の水を供給できるという水メジャーの説明に偽りがあるのではないか、と。

しかも、パリ市が再公営化に転じた二〇一〇年は、国連が「水は人権」と決議した年でもある。パリ市の再公営化をみて再公営化へと転じたり、コンセッション方式導入を拒否する自治体が増えれば、水メジャーの経営に赤信号が灯りかねない。まさにパリ市の再公営化は水メジャーに計り知れない打撃を与えたのだ。

私たちの二〇一五年の調査では、パリの再公営化を境に水道の再公営化の数が世界でも倍増していることがわかった。[6]

フランスでは二〇〇〇年から二〇〇九年の一〇年間に水道再公営化は三三件あったのだが、二〇一〇年から二〇一九年までの一〇年間に七六件の再公営化が記録されている。[7]パリ市の再公営化の成功が、ほかの自治体に自信を与えたのだろう。

こうして水メジャーがフランスや欧州で市場を失う一方で、周回遅れで新自由主義化の進む日本が、新しい市場として狙われたとも言えるのではないか。本書の冒頭で紹介した麻生発言は二〇一三年だったことを思い起こしてほしい。

▼再公営化で収益が改善

話を戻そう。パリ市の水道事業は再公営化から一〇年以上がたった現在でも、その革新的な運営手法が世界の水道関係者を魅了し続けている。そのことは二〇一七年に国連が「オー・ド・パリ」の経営を顕彰し、「公共サービス賞」を授与したことでも証明されている。

世界がまず目をみはったのは、「オー・ド・パリ」のめざましい収益改善ぶりだった。「オー・ド・パリ」は再公営化のために、かなりの額の初期費用をかけなくてはならなかったが、それにもかかわらず、初年度から三五〇〇万ユーロ（約四二億円）もの経費を節約してみせたのである。

この節約分を原資として、「オー・ド・パリ」は翌一一年の水道料金を八％下げることに成功した。[8]

収益改善の主な理由は以下の四点であるとされた。

① 組織の簡略化、最適化が実行できた
② 株主配当、役員報酬の支払いが不要になった

③　収益を親会社に還元する必要がなくなった
④　公営事業体となったため、納税の必要がなくなった

さらに、水道事業の利益率が、両社の説明よりより大きかったと言われている。再公営化後、ストラ副市長は各証言から水道事業の利益は一五％近くもあったのではないかと考えている。[9] 長年七％と説明されてきたのに、倍以上の収益だ。そうであれば、値上げなどまったく必要はなかったことになる。

▼公社とパリ市の相互チェック

続いてパリ市が着手したのは、公営事業体としての目的と計画を明確にした「パフォーマンス契約」を「オー・ド・パリ」と結ぶことだった。この契約は、市との契約であり、規制機関による規制とは別の手法である。

契約書のなかで、あらゆる状況下で質の高い給水を保証すること、ユーザーを水道事業の中心に置くことなどが約束された。持続可能な開発政策であることなども項目にある。

これらの項目にはさらに細かな行動目標や数値目標が設定されていた。たとえば、「ユ

ーザーを水道事業の中心に置く」という目標契約では、「オー・ド・パリ」は苦情や問い合わせに対して、「最大三営業日以内に回答すること」が求められた。目標契約は第一期契約（二〇一一〜一四年）、第二期契約（二〇一五〜二〇年）ごとにパリ市議会が点検・評価するとされた[10]。

ただし、この「パフォーマンス契約」は「オー・ド・パリ」側だけに義務を課すものではない。契約書にはパリ市の役割についても記されている。

① 国の関係当局や周辺の自治体への説明
② 契約者へのコミュニケーション戦略
③ 災害などによる危機的状況時の管理
④ 上下水道に関する国際交流と連帯

この四点について、パリ市は「オー・ド・パリ」に任せっきりにせず、自らも積極的に役割を果たす義務があるとされた。自治体と水道公社が二人三脚で協力するだけでなく、相互チェックのシステムを導入することで、水道サービスの質をより向上させることが目的だった。[11]

▼市議が参加する「オー・ド・パリ」理事会

ガバナンス機能を高めるために、「オー・ド・パリ」には理事会も設置された。

理事会のメンバーは総勢二〇人。そのうちの一三人はパリ市議が占める（市議を兼ねる副市長三名をふくむ）。市議会の定数は一六三人だから、全市議の一〇％弱が「オー・ド・パリ」に関与する計算だ。これはかなりの数だ。「オー・ド・パリ」の理事会はミニチュア版・パリ市議会の性格を帯びていると言ってもよいくらいだ。

ここまでパリ市議会が「オー・ド・パリ」に政治的関与を強めるのは、民営化時代に水メジャーの経営がブラックボックスと化し、監視がほとんど機能しなかったことへの反省があるためだ。

市議以外の理事会メンバーも重要である。労働者代表がふたり、市民組織代表が三人、「オー・ド・パリ」経営幹部がふたりの計七人で、合計二〇人である。これに議決権のない科学者と参加型民主主義の専門家が加わる。

▼市民が意見を述べるフォーラム

また、市民によるガバナンスを強化するため、水フォーラム「パリ水オブザバトリー（観測所）」が設立された。

この組織はワークショップやイベントを開催するだけの単なる市民フォーラムではない。「パリ水オブザバトリー」は市民参加や水利用者の関与を追求する恒久組織として、「オー・ド・パリ」の企業ガバナンスに組み込まれているのだ。パリ市民なら誰でも参加でき、その運営費用として年間一万ユーロ（約一二〇万円）ほどの予算がパリ市議会から拠出される。

「パリ水オブザバトリー」のもっとも大切な任務は、パリ市と「オー・ド・パリ」が交わした「パフォーマンス契約」の方向性やそのあり方について、随時意見を述べることだ。

こうした活動を保証するため、「オー・ド・パリ」は「パリ水オブザバトリー」に対して財務、技術、水道政策などに関するすべての情報を公開しなくてはならない。また理事会メンバーのオブザバトリー総会参加（年四回）が義務づけられ、オブザバトリー代表は「オー・ド・パリ」の理事会で市民組織代表の一席として議決権をもつ。

意思決定の権限こそないものの、パリ市の水道事業の方向性にお墨付きを与える諮問機関として、水道利用者と「オー・ド・パリ」をつなぐチャンネルとして、さらには水を通じた民主主義が実践されるベースとして、「パリ水オブザバトリー」は欠かせない存在となっている。

▼水道事業者が水源保護に取り組む

もうひとつ、世界の水道関係者が賞賛を惜しまない「オー・ド・パリ」の活動がある。それは長期にわたる包括的な水源保全活動だ。

パリ市民にきれいで安全な水を継続的に供給するには、水源の保護が欠かせない。パリ市の水源は東はブルゴーニュ、フランシュ、コンテ州から西はノルマンディー州まで、広大な地域に点在している。そのため、「オー・ド・パリ」は五つの流域、一二の県、三〇〇以上の自治体とパートナーシップを結び、水源保護に乗り出すこととなった。

「オー・ド・パリ」のベンジャミン・ガスティン業務部長はそのプロジェクトをこう説明している。

「水源保護プロジェクトは、パートナーシップを結んだ広い範囲で、地下水のマネジメントを行うのが目的です。円滑な水道供給に必要と判断した水源地はすべて保全の対象とし、必要なときは『オー・ド・パリ』が資金を投じて土地の所有権をもつようにしています」

「オー・ド・パリ」による水源保護には特徴がある。それは水道事業とはおよそ無縁と思えるような公共政策にまで踏み込んでいることだ。

いくら水源を保護してきれいな水を確保したとしても、汚濁した生活排水、農業排水、工業排水が流れ込めば、水はたちまち汚濁してしまう。汚濁がひどければ、浄水コストがかさんで水道料金の値上げにもつながりかねない。

それを防ぐには水源という「点」だけでなく、水源周辺、あるいは流域という「面」で水質を保全しないといけない。そのために、「オー・ド・パリ」は農業政策、産業政策、環境政策といった公共政策への関与が不可欠と考えているのだ。その範囲は幅広く、水資源管理、生物多様性、持続可能な農業・地域開発、循環型社会、食料の地産地消にまで及ぶ。

▼有機農業の推進もミッション

一例を紹介しよう。「オー・ド・パリ」は水質維持のため、水源地とその周辺エリアの農家に資金を投じ、有機農業を推奨するプロジェクトを進めている。有機農業への転換面積の目標や硝酸塩系農薬の不使用推進などが前述の「パフォーマンス契約」にも書き込まれている。

つまり、「オー・ド・パリ」は有機農法を行う農家の育成もミッションとしているというわけだ。従来の民営水道会社ではとても考えられない野心的な動きで、持続可能性を重視した次世代型の水道経営と言ってもよい。

また、「オー・ド・パリ」はパリ市内にある動物園向けに農薬の混じらない干し草も提供している。「オー・ド・パリ」が買いあげた水源周辺の土地は草地として管理される。そこから刈り取った無農薬の草を干し草にし、安全なエサとして動物たちに供給しているのだ。[12]

このプロジェクトは「パフォーマンス契約」のなかでは循環型社会への貢献策と位置づけられている。

▼無料で飲料水を提供する

もうひとつだけ、パリ市民に好評な「オー・ド・パリ」の取り組みを紹介しよう。

「オー・ド・パリ」は水道水の無料飲水機を市内に二〇〇台設置し、「『パリの水』を飲もう」というキャンペーンを始めたのだ。最近、それに炭酸ガスを注入したスパークリング・ウォーターの飲水機も一〇台加わった。[13]

目的はみっつあった。おいしい水道水を無料で提供することで、環境負荷の高い飲料用ペットボトルの消費を抑え、プラスチックゴミを減らすことがひとつめの狙いだ。

そして、そもそも水は商品なのか、という問いを投げかける役割もあった。あらゆる人が生きていくために水は必要だ。お金を出して買う商品であるという根強い意識を打ち破る目的も、無料飲水機にはこめられていた。

さらに具体的で大事な役割は、有料の水道にアクセスできない人たち、つまり移民や難民、ホームレスになっている人々の「水への権利」を無料飲水機で保障するということだ。「オー・ド・パリ」にとって、このプロジェクトは環境と人権を守り、水は〈コモン〉であると伝えるための一石三鳥の公共政策なのだ。

▼再公営化で長期視点の経営が可能に

こうした公共政策を行うため、「オー・ド・パリ」は巨費を支出している。先述の有機農家支援だけでも二〇一六年に九四〇万ユーロ（約一一億二八〇〇万円）の資金を支出しているのだ。[14]

年度単位、いや四半期の決算ごとの利益を追求する民間水道会社が一〇〇年先の環境を守る投資をすることはまずない。

「オー・ド・パリ」が包括的な地域・流域の水循環管理に乗り出すことができたのは経営陣の理念もさることながら、再公営化で利益の大半を再投資に回せるようになったことが大きい。

現在、「オー・ド・パリ」の施設投資額は年間で七五〇〇万ユーロ（約九〇億円）、そのほぼすべてを自己資金でまかなっている。[15] 持続可能な水道事業という観点からも、利益を惜しみなく再投資に回せる公営水道は理にかなっているのだ。

第三章　資本に対抗するための「公公連携」

▼グローバル資本と結託する国家

グローバル資本は国境を越えて自由に移動し、市場があれば、どこであろうと貪欲に進出していく。そのくせ、グローバル資本は国家の上層部と結託していく。本書の冒頭でみた日本でも、水メジャー誕生の地フランスでも、あらゆる国で同じ現象が起きている。

公共サービスの市場化に熱意をそそいでいるのは、ダボス会議〈世界経済フォーラム〉やトロイカ〈欧州委員会・ECB〈欧州中央銀行〉・IMF〈国際通貨基金〉〉など、グローバル資本やグローバル官僚たちだ。彼らはその経済力や越境的な行政・金融権限をフルにいかし、国家や自治体などの公的セクターに有形無形の影響力を行使している。

EUでも、自由化政策は強化されるばかりだし、加盟国政府も、新自由主義的な色彩を強め、多国籍企業や国際投資家など、グローバル資本との結託を強めている。公的債務を厳しく制限するEUのルールや、二〇〇八年の経済危機以降、いよいよ激しくなった緊縮財政政策の押しつけで、自治体は自らの手でサービスを提供する選択肢をとことん制限されている。

フランスの場合、二〇一九年までに一〇九件もの水道事業を地方自治体が再公営化するという動きがあった一方で[1]、中央政府は相変わらずPPPに執着している。

オランド政権に続き、マクロン政権も水メジャーや銀行の幹部を引き連れ、債務危機で緊縮財政を強いられるギリシャを何度も訪問しては、現地の水道当局に民営化を迫り、フランスの水メジャー進出の基盤を作ろうとしているのはその象徴である[2]。

グローバル資本と中央政府、あるいはトロイカは依然PPPの強力な推進者であり、庇護者なのだ。

▼「公公連携」で対抗する

しかし、世界各地に拠点を移せるグローバル資本と違い、自治体は移動できない。また、公共サービスの劣化で苦しむ人々の最前線にいるのも自治体だ。国家が見て見ぬふりをしても、目の前で苦しむ人と直面しなくてはならない。

だから多くの自治体は、公共サービスを再び公営化することを望む。ただし、国家やグローバル資本、あるいはEUなどのパワーに抗い、一度民営化された公共サービスを再公営化することは、自治体にとっては大変な勇気と覚悟がいることなのだ。

そこで、重要になるのが、自治体と自治体の連携だ。あるいは自治体の関わる公的組織どうしの助け合いだ。ここまでみてきた官民連携のＰＰＰ（Public Private Partnership）ではなく、「公公連携」（Public Public Partnership）である。

パリ市の水道再公営化に際して、グルノーブル市の手助けが大きな役割を果たしたことは前章で述べた。これも「公公連携」だ。

グルノーブル市の助け船で誕生した経緯のある「オー・ド・パリ」は「公公連携」に特別の関心を払い、内外の公的セクターとのネットワークづくりにも熱心に取り組んでいる。再公営化で得たノウハウを囲い込むのではなく、公共サービスの再公営化を望むほかの自治体と共有するためだ。

たとえば、公営水道事業体どうしでの協力関係を高めるために、「欧州公営水道事業体協会」（Aqua Publica Europea）の設立にも尽力した。この協会に加入している公営水道事業体は、水道事業のリーダーとしてほかの公営水道事業体を引っ張っている。

考えてみれば、民間企業にとって情報や技術は、それをもつ労働者をふくめてお金で買ったり売ったりして独占するものだ。情報も技術も囲い込むのが民間企業の常だ。

それに対して、公社はノウハウや技術を共有し、よりよい企業経営のために助け合える組織体なのだ。

フランス、スペイン、ドイツには公営水道事業体が組織する協会が国ごとにあり、[3]さまざまなノウハウや技術のトレーニングを行い、公営水道の運営の質の底上げをはかっている。また、政治的な発言力も有している。

繰り返すが、いったん民営化された公共サービスの再公営化は、決してたやすいプロジェクトではない。公共サービスを新たな「収奪のフロンティア」とみなすグローバル資本やそのロビーイング（政治家への圧力）を受けた政治勢力の妨害を受け、中途で頓挫してしまうことも珍しくない。

自治体がこうした強大な圧力をかわしながら、単独で公共サービスの再公営化を達成するのは並大抵のことではない。だからこそ、「官民連携」に対抗するために、自治体やコミュニティが協働し、再公営化を支援する「公公連携」の動きが強まっているのだ。

▼「オー・ド・パリ」のCEO

話を「オー・ド・パリ」に戻そう。「オー・ド・パリ」で「公公連携」のキー・パーソンとなったのは初代ＣＥＯ（最高経営責任者）をつとめたアン・ル・ストラ元副市長だった。

日本とは異なり、フランスの自治体は議会で互選された議長が市長などの行政トップに就任し、執行機関を作る。市長は議員から副市長を選び、教育、福祉、都市計画など、各執行部門の責任者に任命する。

緑の党所属のストラ氏は水と環境、気候・エネルギー担当副市長に任命され、その責任の一部としてSAGEP社の最高責任者として指名された。そして、「オー・ド・パリ」設立後にはそのCEOに就任することになる。

「オー・ド・パリ」が水供給を開始した直後の二〇一〇年一月のことだった。当時、私たちトランスナショナル研究所は「リクレーミング・パブリック・ウォーター」（公共の水を取り戻す）という名称の国際会議を主催する準備に追われていた。

会議には欧州だけでなく、アフリカ、インド、北南米、日本をふくむ東アジアなど、世界各国から「水の権利運動」に携わる関係者が集まる予定だった。

そんな参加予定者が大きな関心を寄せていたのが、再公営化を果たしたばかりのパリ市の動向だった。多くの参加予定者がパリ市の経験を聞きたがっていた。

ストラ副市長とは会話を交わしたことはなかったが、「世界水フォーラム」や国連の水関連会議などを通じて、顔だけは知っていた。パリからブリュッセルまでは高速鉄道で、わずか一時間二〇分ほどだ。ならば、私たちの会議に来てもらい、パリ市の再公営化の一部始終を話してもらおうと、招待メールを送ってみたのだ。

ただ、相手は多忙なパリ副市長だ。出席の可能性は小さいと思っていたが、私たちからの招待メールに、「会議に参加します」と返事が返ってきたのだ。

会議はブリュッセル市内にある非営利組織のために作られたビルの会議室で行われた。そこに現れた彼女は、人を寄せつけない緊張感を身にまとっていた。資金も権力も政治力もあるグローバル水企業を相手に、矢面に立って闘っていたのだから無理もない。SAGEP社の最高責任者時代から数えて、この時点で九年にもわたり、その闘いを続けていたことになる。

しかし、いったん話を始めると彼女は、多くの聴衆を魅了し、彼女の「オー・ド・パリ」の話は、再公営化を模索する活動家たちに新鮮な驚きを与えた。

まず第一に、「公営企業が非効率で硬直している」というPPP／PFI推進論者たちの主張を、「オー・ド・パリ」の運営の詳細を話すことで、根底から覆してくれた。

さらに踏み込んで、非営利の公営企業だからこそ、惜しみない再投資を通じて水源保護や環境保全のための公共政策といった次世代型の水道経営ができることも教えてくれた。

それが、第二章でお伝えした内容だ。

▼欧州の外ともつながる「公公連携」

ストラ副市長の話にとりわけ熱心に耳を傾けていたのが、インドネシアからの参加者だった。インドネシアのジャカルタ市は一九九七年にブエノスアイレス、マニラと並んで当時、世界最大規模だったコンセッション契約を結び、水道事業を民営化している。コンセッション契約を勝ち取ったのは、テムズ・ウォーター社とスエズ社がそれぞれインドネシアの企業と設立した合弁会社であった。

開発途上国では独裁政権の一族企業と外国企業が大型公共事業を独占的に受注し、利益を山分けするケースが目につく。このジャカルタ市のコンセッション契約もその例に漏れず、スハルト政権末期の巨大利権プロジェクトとして半ば強権的に導入された。

それだけに、契約内容もひどいものだった。どれだけ水道事業が不振でも、コンセッション企業（パリジャ社とアエトラ社）には最低でも二二％の利益が保証されるという契約条項が、秘密のうちに盛り込まれていた。[4] それが公に知られることになったのはずっと後のことだ。

しかも契約は水道料金徴収でコンセッション企業が損失を出さないよう巧妙にデザインされていた。

ジャカルタ市の公営水道企業「パム・ジャヤ」は利用者から水道料金を徴収する。そして、「パム・ジャヤ」が水道サービスを提供するコンセッション企業に水料金を支払う。この水料金は半年ごとに自動的に数%あがることが契約書に定められていた。[5] ところが「パム・ジャヤ」は住民の支払い能力や反発を考慮すれば水道料金をそれほどあげることができないので差額は「パム・ジャヤ」の債務として累積していった。

ついに民営化から一六年後の二〇一三年には総負債額が五一〇〇億ルピア（当時のレートで約四八億四五〇〇万円）に達し、その間水道料金は平均で四倍以上に高騰することになった。[6] インドネシアからの参加者はこの惨状を解決したいと、ワラにもすがる思いでブリュッセルの会議に駆けつけてきたのだ。

残念ながら、この本の執筆段階では、インドネシアでの水道再公営化は実現していないが、市民運動は契約満期となる二〇二三年に焦点を合わせている。

これだけひどい契約を結んで、市民に負担を押しつけるというのは、やはり独裁政権時代の負の遺産である。水を〈コモン〉（公共財）として扱うかどうかは、やはり民主化のバロメーターなのだ。

▼保守派のニース市でも水道再公営化

水は民主化のバロメーター。それを認めたくない新自由主義者たちがいる。彼らはパリ市の水道サービス再公営化を、「左派市政のペット・プロジェクト（お気に入り事業）」だと揶揄（やゆ）する。「再公営化など、左派の偏ったこだわりがもたらした特殊で幼稚なプロジェクトにすぎない」と言うのだ。

「パリでうまくいったからと言って、すべての自治体でうまくいく普遍的な政策ではない」と、新自由主義者たちはパリの左派市政を攻撃する。だが、新自由主義的なPPP／PFI推進派がことばを失うような劇的な再公営化もフランスでは起きている。

保守政党の牙城・ニース市の水道が再公営化されたのだ。市政が左派の手にわたったわけではない。かつて公共サービスの民営化を進めた保守政党が、脱民営化に転じて、再公営化をはかったのだ。

議会で保守政党が多数派を占めたままのニース市が水道サービスを再公営化することを決定したのは二〇一三年三月のことだった。

歴史的にみてもニースの保守政党とヴェオリア社との関わりは深い。ニース市に水道が敷設された一八六四年以来、この地で上水道の運営を担ってきたのはヴェオリアだった。つまり、ニースの水道は一五〇年近く、常に民間企業の経営下にあった。

ヴェオリアとの契約は改訂を加えながら何度も更新され、前回の契約は一九五二年だった。

ところが、そのニース市がヴェオリアとの関係を解消し、再公営化を決めてしまった。ヴェオリアにすれば、仲間内から裏切られたと感じたのだろう。契約打ち切りを知らされたヴェオリアの経営陣は「頭に冷水をかけられた思い」と声明を出すのが精一杯で、その後は沈黙を守るのみだった。

もっとも、ニース市の動向をヴェオリアが注意深く観察していれば、これほどショックを受けることもなかったはずだ。ニース市は再公営化のシグナルを事前にきっちりと発していたのだ。

最初のシグナルは監査の実施だった。ニース市議会は再公営化に先駆け、ヴェオリア社の経営を何度も外部監査にかけていた。監査結果はヴェオリアにとって分の悪いもので、ヴェオリアは「利益を過剰に得ている」との市議会の指摘により、二〇〇九年から一三年まで四年連続して水道料金の引き下げを余儀なくされた。ニース市議会はヴェオリアの経営実態に不満を強めていたのだ。

しかも、ニース市議会は水道以外の民営化された公共サービスの再公営化にも乗り出していった。交通システム、学校給食、水泳プール、ジャズフェスティバル、農産品市場などが相次いで、民営化を脱して、公共の運営に戻されていった。

新自由主義者たちが言う「再公営化は左派の偏ったプロジェクト」だという指摘は、このニース市の事例で反証されたが、そもそも、「保守」であることと、「再公営化」は矛盾しない。

地域の雇用や経済、ひいては人々を育んできた環境を「守る」という観点での「保守」は、「再公営化」という選択と完全に合致する。ニース市以外でも、地方政治における左派・右派という対立は、再公営化に関しては成立しない。

むしろ、自治体が対立する対象は、地域経済をかえりみず国際資本の利益を優先する国政やEUであることが多いのだ。経済格差は彼らが作っているからだ。

そうした地域の暮らしをかえりみない政治への怒りは、健全なものだ。これを建設的な市民運動に結びつけ、地域の政治を動かしていくのが左派ポピュリズムの使命のひとつだ。

そうでなければ、人々の怒りを利用した排他主義で力をつける極右のポピュリズムに飲み込まれてしまう。とくに労働者の疎外感や恐れは極右勢力に取り込まれやすく、移民や難民、女性など自分より弱い立場の人たちに怒りを向けさせる。

人々の怒りを極右に利用させないためにも、水のような〈コモン〉の管理をみんなで行い、生活の不安を減らすという戦略は重要なのだ。

▼自治体を超えた流域でつながる

ところで、ニース市議会が水道事業を再公営化した最大の理由はニース都市圏の需要に水メジャーが対応できなかったことにある。

二〇一〇年の法改正によって、フランスの大都市は周囲の自治体とともに「都市圏」という大きな自治体の単位を形成することとなったのだが、ニース都市圏は南アルプス最南部に位置するメルカントゥール国立公園から地中海沿いのニース市周辺へと続く広大なエリアとなった。地形や気候も多様性に富み、圏内にスキーリゾートとシーリゾートの両方を抱える。

人口分布も極端だ。面積の八割を占める山間部に小さな村々が点在する一方、地中海沿いの都市部の狭い土地に多くの人口が集中する。とくにニース市は、ニース都市圏総人口五三万人のうち七割近い三五万人が暮らしている。

これだけ多様で広範な地域がひとつの都市圏を形成した大きな理由は、「水」だった。つまり利用する水系が共通だったのだ。アルプスから南流し、地中海へとそそぐバール川とその支流が、ニース都市圏の水源となっている。この川によって、山間部と沿岸部は歴史的に強いつながりを維持してきた。

ただ、これまでこのエリアでは水道事業は各自治体が手がけ、広域化されることはなかった。標高や人口、さらには水消費量が著しく異なるために広域化が難しく、各自治体はそれぞれ独自に水メジャーと契約し、水道サービスを民営化させてきた。当然、その設備の状態や水道料金、契約内容などは千差万別だった。

だが、ニース都市圏ができて事情が変わった。圏内の自治体どうしで連携し、広域的、戦略的に水資源を管理する道がひらけてきたのだ。

ニース市がもっとも望んだことは、夏季の水供給を安定させることだった。世界有数のリゾート地であるニースは夏になると観光客が押し寄せ、水需要が倍増する。その旺盛な水需要を満たすためには水源の保護や山間部の村々の水道管の漏水率改善が必要だった。

山間部の自治体の水道管は一〇〇年以上も前に埋設されたものもあり、貴重な水資源が漏水により大量に浪費されていた。漏水を放置すれば、下流にあるニース市が利用できる水資源の量も限られてしまう。

こうした状況を改善させようと、ニース市は都市圏形成をきっかけに、都市圏の水道に対する新しい投資プログラムの策定へと乗り出した。そのメニューは鉛の水道管の撤去、山間部の上下水道施設の更新などで、財源としてニース市の水道事業の収益を「内部補助金」化し、都市圏内の自治体に配分するというものだった。[7]

また、ニース市は自治体ごとに異なる水道料金の格差是正にも意欲をみせた。山間部など、人口が少ない自治体の水道料金はどうしても割高になってしまう。そこでニース市は水道事業の利益の一部を山間部の自治体に分配し、料金引き下げの原資にしてもらおうとしたのである。

だが、こうしたニース市の投資プログラムに水メジャーが興味を示すことはなかった。ほかの自治体の水道サービス向上のために内部留保を拠出するはめになれば、企業収益が減ってしまう。都市圏の連帯は水メジャーの仕事ではないと無視を決め込んだのだ。

水メジャーの態度をみて、民営化したままではニース都市圏のニーズに対応できないと判断したニース市議会は、ついに再公営化を決意。ニース都市圏の七割近い自治体が参加する水道公社「オー・ダジュール」を設立した。

水道サービスを公的なコントロール下に置いた成果はめざましく、都市部で発生した利益を山間部の過疎自治体に「内部補助金」として回すプランも成功し、設備投資は過去五年間で一〇五億ユーロ（約一兆二六〇〇億円）に達した。年平均にすると二一億ユーロ（約二五二〇億円）で、これは民営化時代の二倍になる。

ニース市の経験は、公共の利益や福祉の増進を目的とする公共経営だからこそ、都市圏内の協力と連帯を深める戦略的存在になれることをみせつけた。

▼欧州公営水道事業体協会の闘い

二〇〇一年以降フランス国内では一〇九の水道サービスが再公営化された。しかし、この間、その逆のケース――公営水道が民営に転じたケースは一件もない。[8]

先述したように二〇〇一年から二〇一六年のあいだに公営水道に給水される人口は二八％から四〇％に増加した。公営の下水サービスも四五％から五七％に増えており、コンセッションやリース契約が年々減っていることを示している。[9] フランス国内で水道をはじめとする公共サービスが再公営化される傾向は今後も変わらないだろう。

ただ、複雑な公営化のプロセスをうまく進めるには、パリ市など、先行自治体の経験からなにがうまくいき、なにがうまくいかなかったかを学び、自らの再公営化にいかしていく必要がある。

ニース市も、先行都市から多くを学び、公営化を成功させたが、そうした再公営化の経験やノウハウが広く伝わって一般化すれば、さらに多くの自治体が再公営化へと進みやすくなるだろう。

その際、重要なのが、各自治体の公営水道事業体どうしの連携だ。その連携をスムーズに行うために、「オー・ド・パリ」が、「欧州公営水道事業体協会」の設立に尽力したのは前章で述べたとおりだが、現在、協会に参加する公営水道事業体はEU一三ヵ国六四事業体におよび、カバーする水供給人口は七〇〇〇万人を超える。[10] そのミッションも再公営化のノウハウ提供、情報交換、再公営化支援、人材育成、共同公共調達とじつに多彩だ。

欧州公営水道事業体協会は、ブリュッセルに本部を置いている。EUをはじめとする国際機関が多く、オフィスの賃料などが高いブリュッセルにわざわざ本部を置くのには理由がある。ブリュッセルでは二万五〇〇〇人以上の産業ロビイストたちがオフィスを構え、

ＥＵ議会や欧州委員会を舞台に日夜ロビーイング活動に励んでいる。それに対抗していくためだ。

グローバル企業は雇用主側に少しでも有利な法改正、規制緩和、自由貿易協定をもたらすために少なく見積もっても年間一〇億ユーロ（約一二〇〇億円）も投じていると、ＥＵの政策監視ＮＧＯである「コーポレート・ヨーロッパ・オブザーバトリー」は試算する。[11] ブリュッセルの多国籍企業ロビーは強大だ。私企業の利益を追求するロビイストと、労働者・消費者の権利、公共の利益や公正を求めるＮＧＯ、組合、自治体協会などとの力の差は圧倒的である。

欧州公営水道事業体協会はこうした産業ロビイストに対抗し、公共の利益を代弁することも自らの大切なミッションとみなしている。ＥＵ本部でひらかれる各種の審議会や公聴会に参加し、水メジャーのカウンターパワー（対抗勢力）として積極的に発言している。

黙っていては、水という権利は手に入らない。闘う姿勢が必要なのだ。

第四章　新自由主義国・イギリスの大転換

▼新自由主義の総本山での大転換

世界各国の水道サービス再公営化の動きをウォッチしながら、さまざまな国のキー・パーソンたちをつないでいく仕事にたずさわっていると、ひしひしと感じることがある。それは「水は民主主義」ということばが示すように、再公営化へのチャレンジの過程で新しい民主主義の形が、確実に発展してきているということだ。

第二章でみたように、パリ市では、水道事業への市民ガバナンスを高めるために、多くの人々が「パリ水オブザバトリー」に自覚的に参画している。選挙も重要だが、選挙だけが民主主義ではないのだ。

水のように生きるために不可欠なものは、人々の共有財産として、できるだけ市民の力で管理しようという動きが始まっている。これこそが、新しい民主主義の形だ。資本の言いなりにならない、国家に任せっぱなしにしない、という市民の気概が垣間(かいま)みえる。

そして、じつはフランス以上に、民主主義の新しい形をみせてくれる国がイギリスだ。フランスが水メジャーの本拠地なら、イギリスは新自由主義とＰＦＩ（Private Finance Initiative）の総本山とでも呼ぶべき国であるが、民営化に対して、市民の怒りに火がつき、今、大きく変わろうとしているのだ。

この章では、イギリスでの民営化の実態を追い、続く第五章で新自由主義に対抗する動きをみていきたい。

▼新自由主義の三〇年

まず新自由主義の歴史を手短に振りかえっておこう。「揺りかごから墓場まで」と呼ばれる高福祉を実現させたイギリスが、新自由主義に転換したのは一九八〇年代だ。一九七九年に誕生したサッチャー政権は政府歳出の削減策として「小さな政府」政策を打ち出し、それまで国有だった電気、石油、ガス、鉄道、航空、郵便などの公共サービスを次々と民営化させた。その総仕上げとして水道事業は一九八九年に完全民営化されたのだ。

新自由主義にもとづく「小さな政府」政策は、保守党の後継であるメージャー政権でさらに加速し、PFIが正式に国家プロジェクトとして承認され、すべての公共事業について、PFIを検討することが義務づけられるまでになった。

PFIは、一九九七年に労働党に政権交代しても強力に推し進められ、「第三の道」路線を取るブレア政権、ブラウン政権のもとでむしろピークを迎えていく。「財政赤字はG

DPの三%まで」とするEUの財政規律を守りながら、インフラを整備できる最良の政策として、労働党政権もPFIを歓迎したのだ。

その結果、身近なところではロンドンの地下鉄の運営から高速道路・鉄道・学校・病院の建設、そして刑務所の運営まで、さまざまな公共事業がPFIで行われるようになった。総事業数は、イギリス全土で七〇〇件以上にのぼった。

▼PFI事業の借金が二八兆円に

その民営化の総本山・イギリスに激震が走ったのは、二〇一八年一月のことだ。会計検査院が「PFI and PF2」という報告書を提出した。この報告書で、公開入札で行われる事業に比べて、PFIで行われる事業は「四〇%も費用が割高である」という調査結果が発表された。もちろん、これだけでもPFIに異議を唱える十分な理由になる。

しかし、世論を一変させた調査結果は、さらに衝撃的なものだった。企業が市場から資金調達するため、お金のかからないように表面的にはみえるPFI事業であるが、実態は違う。PFI企業の借り入れた債務に金利と企業利益をのせて、国や自治体はこの先二五年をかけて返済しなくてはならない。

そのすべての債務を合計すると、二〇〇〇億ポンドになるというのだ。[1] 日本円で記そう。約二八兆円という途方もない金額である。

この二八兆円の借金はサービスの利用料や税金で返済するほかない。つまりはイギリスの国民の負担になるのだ。年間にすると毎年約一兆一〇〇〇億円の負担となる計算で、多くのイギリス国民は呆然（ぼうぜん）とするほかなかった。

ＰＦＩなら、公的な財政支出なしに公共サービスがまかなえるというのは嘘だったのだ。その嘘が長年にわたってみえなかったのはなぜか。このような巨額の債務が不透明化したのは、ＰＦＩ特有のオフバランスシート問題（貸借対照表に計上されない問題）に起因する。

例として施設の建設のＰＦＩを考えてみよう。建設費用は、ＰＦＩの事業者である企業が、主に市場で資金を調達する。企業の債務は自治体のバランスシートには表れない。けれども、自治体が債務を返済しなければならない事実は変わらないのだ。

▼ＰＦＩ事業者の倒産

この報告書の発表前に、ＰＦＩ事業がうまくいっていないという前兆は早くからあった。ロンドンの地下鉄事業をＰＦＩ契約した三社が巨額の債務を抱えて破綻し、二〇一〇年には数百億円とも噂される公金が投入され、地下鉄が再公営化された。

会計検査院の報告書が出された前年には、巨大ＰＦＩ請負企業カリリオンの経営悪化が表面化していた。ゼネコンでもある同社に対して、政府は高速鉄道の建設を優先的に斡旋するなど特別のテコ入れをしたのだが、それにもかかわらず、二〇一八年一月に倒産した。くだんの報告書はたまたまカリリオン倒産の直後に発表されたのであるが、メディアと市民のＰＦＩへの関心と不信感は一気に高まった。

同社のＰＦＩ部門の破綻処理・事後処理には、血税が投入される。「ガーディアン」紙はカリリオンの倒産によって投入される税金は最低でも一億五〇〇〇万ポンド（約二二〇億円）と予測したが[2]、その後、その規模ではすまないことが明らかになってきた。

▼財務省がＰＦＩ凍結宣言

こうした巨大な倒産劇を受けて、二〇一八年六月に下院・公会計委員会が、ＰＦＩのデメリットを指摘する報告書を提出した。主なポイントをあげておこう[3]。

①　ＰＦＩが導入されて二五年が過ぎたが、ＶＦＭ（バリュー・フォー・マネー：支払い

に対してもっとも価値のあるサービスを供給すること）ができたかどうか実証できずにいる。

② ＰＦＩへの投資家が巨額の利益を得る一方で、イギリス政府は民間に転嫁したリスクに比べて過大な対価を払わされている。

③ 財務省はＰＦＩ案件が自治体の予算に与える影響を明らかにできていない。また問題を解決するために十分な措置を講じていない。

このように、下院・公会計委員会からＰＦＩのデメリットを手厳しく指摘され、政府も長年の政策を放棄するしかなくなった。

そして、ついに財務省が新規のＰＦＩを凍結すると宣言したのだ。[4] 二〇一八年一〇月のことだった。その際、財務大臣は「官民パートナーシップは金銭的なメリットに乏しく、柔軟性がなく、そしていたずらに複雑だった」と記者らに弱音を吐いている。[5]

また、次章で詳しくみていくが、二〇一七年の総選挙でのジェレミー・コービン党首率いる労働党の躍進も、ボディブローのように効いていた。「第三の道」路線と決別し、ＰＦＩに批判的な立場を取るようになったコービン労働党は、公共サービスの「再公営化」

をマニフェストに掲げて、議席を大幅に伸ばしたからだ。その背景には、市民の草の根の力がある。

このように、二〇一八年前後に新自由主義の総本山イギリスで潮目が変わり、PFIの凍結宣言が行われたのだ。

▼「水道民営化は組織的な詐欺に近い」

そして水道サービスの再公営化を願う声も、強くなってきた。新自由主義に好意的で、PFI手法のよき理解者とされてきた「フィナンシャル・タイムズ」までもが、民営化を酷評する連載を始めたのだ[6]。その論調は激烈で、連載第一回のタイトルはこう言い切った。

「水道民営化は組織的な詐欺に近い」

イギリスは水道の運営権だけでなく、水道施設すべてを民間企業に売却する「完全民営化」を世界に先駆けて実施した国である。新自由主義的な改革を始めた、あのサッチャー政権の時代のことだ。

イングランドとウェールズの水道公社一〇社を一九八九年に株式会社化し、施設所有権までをふくめてすべて民間に売却し、イギリス政府は五二億二五〇〇万ポンド（約七三一五億円）の株式売却益を手にした。だが、景気のよい話はここまでだった。サッチャーが水道事業を売却してから二八年たった二〇一八年の時点で、一〇の水道会社は合計五一〇億ポンド（約七兆一四〇〇億円）の債務をもつにいたった。

ところが、この一〇社は、じつは必要のない借り入れを故意に繰り返していたのである。その目的は次の三つだ。

① 借入金をふくらませて、税金の支払いを少なくする
② 株主への多額の配当を確保する
③ 漏水率の改善など、必要なインフラ整備をサボタージュする口実として借金をする

グリニッジ大学のデヴィッド・ホール氏らの調査によれば、二〇〇七年以降この一〇社が株主に配当した金額は年間平均一八億一二〇〇万ポンド（約二五三七億円）にのぼる。民営化以降の三〇年間の総額では、五六〇億ポンド、およそ七兆八〇〇〇億円という巨額な数字になる。

民間水道会社はこの巨額の配当金を支払うために借金を重ねた。そして借金とふくらむ

利子の返済に水道利用料金が使われ続けた。ホール氏の研究グループによれば、年間一二億ポンド（約一六八〇億円・一世帯の負担額は年間五三ポンド＝約七四二〇円）を、債務の返済のために使ってきたのだ。

この事実に市民が敏感に反応した。水道事業が公営なら、株主への配当は必要ない。また、借り入れをするにしても、利息の高い民間の金融機関ではなく、低利の公債で調達できるので、支払い利息は大幅に少なくできる。いや、そもそも公営水道なら数兆円単位の借り入れなどしなかったはずだ――。

もし水道を再公営化すれば、年間二五億ポンド（約三五〇〇億円）が節約できるとホール氏は試算する。一世帯あたりにすると、年間およそ一一三ポンド（約一万五八二〇円）だ。[7]

そんな批判が噴出し、ついにはＰＦＩ大国であるイギリスで、国民が水道サービスの再公営化を支持するようになった。シンクタンク「レガタム研究所」の世論調査では、八三％が水道の再公営化を支持しているのだ。

▼税金逃れと経営陣への高額報酬

民間水道会社の税逃れの実態も明らかになった。たとえば、ロンドン都市圏の水道事業を行うテムズ・ウォーター社は九つの会社からなる複雑な所有形態をとり[8]、そのうちの二社は税回避地のケイマン諸島に置かれていた。いわゆるタックス・ヘイヴンだ。そして過去一〇年まったく税金を払っていなかったことが、与党のマイケル・ゴーヴ環境食糧農村地域省大臣からも激しく批判された[9]。

また納税を回避するために、わざと借金をする手法も使われた。タックス・ヘイヴンに置かれた投資ファンドは、一〇七億五〇〇〇万ポンド（約一兆五〇五〇億円）もの資金調達（借金）を行った。そこから株主への配当も行われていたようだった[10]。

このような不透明かつ複雑な会計が続けられたため、テムズ・ウォーター社として、どの程度の利潤をあげているのかも、何年にもわたって確定ができなかった[11]。つまり、行政側は、本来、入るはずの税収さえも失っていたのだ。

デヴィッド・ホール氏の調査・研究によれば、経営陣への報酬も見過ごせない高額な金額になっているという。こうした不誠実な経営が、水道料金の一部として、市民の側にのしかかっている。民営化といいながら、これでは「私物化」ではないのか。

▼インフラの更新・整備を怠る民間企業

下水道の整備に対するテムズ社の怠慢もイギリス国民の怒りに油をそそいだ。テムズ社は長年、ＥＵの最低基準以下の下水処理しかしてこなかった。下水処理能力を向上させるために必要な投資額四〇億ポンド（約五六〇〇億円）が調達できないと言い訳をし、十分に浄化されていない汚水をテムズ川に垂れ流していたのだ。[12]

だが、テムズ社は二〇一二年だけで二億七九五〇万ポンド（約三九一億三〇〇〇万円）もの株主配当をしている。[13] もし公営事業体であったなら株主配当は不要なので、一四年もあれば下水処理の向上に必要な四〇億ポンドを蓄えられた。

テムズ社が株式会社化したのは一九八九年のことだ。つまり、テムズ社に水道事業を任せなければ、ロンドン市は二〇〇〇年代初頭にはＥＵ基準を満たす現代的な下水処理インフラを整備できていたのだ。

しかし、現実は処理能力の劣悪な下水インフラしかなく、ロンドン市は今後、長い時間をかけて四〇億ポンドを調達し、新しい下水施設を建設しなくてはならない。

民営化は自治体にとってコストパフォーマンスが悪いだけでなく、環境保全のための貴重な時間——その間にもテムズ川の水質は悪化する——までも奪いとってしまったのだ。

▼市民不在のモニタリングは機能しない

公共水道の民営化にあたり、イギリス政府は水質、会計（事業予算・水道料金）、利用者対応の三つの分野について規制機関を設立した。

だが、残念ながらこうした規制機関はほとんど機能することはなかった。とくに民営水道会社の予算や決算を審査する権限をもつ規制機関は、経営状況やガバナンスをほとんど改善できなかった。

そのため、漏水率の改善や下水施設の整備をサボタージュして利益率をあげ、株式を保有する九社に高額配当をしたうえ、タックス・ヘイヴンの子会社に債務調達させるなどの、ずさんなテムズ社の経営にメスが入ることはなかったのだ。

もちろん、規制機関もただ手をこまねいていたわけではない。たとえば、何度もテムズ社に対して漏水率の改善を勧告し、二〇一八年には漏水対策の不備を理由に一億二〇〇〇万ポンド（約一六八億円）の罰金を科した。[14]

しかし、テムズ社が勧告を受け入れることはなかった。勧告にしたがって水道管の更新に資金を投じるよりは、罰金のほうが格段に安かったからだ。しかもその罰金は水道料金を値上げすれば、いずれ回収できる。

その結果、テムズ社が水供給するエリアの水道管路更新率は現在〇・一九％にとどまっている。漏水率については二〇一七年のイギリスの平均値が二三％、テムズ社についてはそれを上回る二五％（二〇一八年）である。[15]「ガーディアン」紙の記事によると民営化前の一九八〇年のイングランドの漏水率の平均は二四％で、民営化から約三〇年を経て漏水率は一％ほどしか改善していない。[16]

一方、日本の公営水道の管路更新率は〇・七七％、漏水率は全国平均で五％ほどだ。イギリスの民営水道のインフラの劣化ぶりは際立っている。

日本では水道法改正にあたり、コンセッション契約を結んでも自治体のモニタリングがしっかり機能するので、心配ないという説明が繰り返されてきた。

日本の知識人や専門家たちはつい最近まで、イギリスの民営化された水道事業を成功例として絶賛する際に、必ずと言っていいほど規制機関の機能のすばらしさを強調した。たしかに数値で見える水質の管理は、規制で可能かもしれない。しかし、それ以外の財務や企業統治など重要な分野では、長年にわたって不可視化された「不都合な事実」が数多く存在する。イギリスの事例は、民間水道産業の監視が難しいということにとどまらない。むしろ、原則的に不可能なことを証明したと言えるのではないか。

なぜこれまで、「不都合な事実」が、規制機関の目にとまらなかったのだろうか。法務弁護士や国際コンサルタントを駆使して自社の利権確保に動く水メジャーが狡猾で、手ごわいということだ。

日本でも水道事業のコンセッション契約を狙っているのは水メジャーだ。モニタリングできるから民営化しても大丈夫という言説はあまりにも楽観的で無責任ですらある。

▼「水貧困」世帯が四分の一に

そして、日本でも水道を民営化したら起こりうるのが、「水貧困」（water poverty）だ。水道料金の支払いがままならないほど困窮している状況をそう呼ぶ。

一般に、上下水道の料金が世帯収入の三％を超えると支払いの負担を大きく感じ、五％を超えると支払いが困難な状態に追い込まれると言われている。[17]

衝撃的な数字を紹介しよう。イギリスでは「水貧困」に苦しむ世帯が一割以上、存在するのだ。

二〇一四年にヨーク大学の研究者がまとめた「イングランドとウェールズにおける水貧困」という研究結果によれば、二〇一一年の段階ですでに二三・五％の世帯が収入の三％以上を上下水道料金に充てていた。上下水道料金が収入の五％以上にあたる世帯にしぼっても、全世帯の一割も存在する。[18] 水貧困に該当する世帯が、ここまで増えている。

大きな原因は、上下水道の料金高騰だ。一九八九年に、一世帯が支払う料金は平均で年間一二〇ポンド（約一万六八〇〇円）だったが、二〇〇七年には三一二ポンド（約四万三六八〇円）となった。インフレ率を差し引いた実質値上げ率は一九八九年比で四二％にものぼる。[19]

日本円で考えてみよう。年収三〇〇万円の世帯であれば、年間の上下水道料金が九万円、月額で七五〇〇円程度になれば、水道料金の負担感がかなり重くなってくる。

日本の総務省の家計調査を見ると、三人世帯の月額上下水道料金はおよそ五〇〇〇円。もしイギリスのように、四二％ほど水道料金が値上がりすれば、月額で七〇〇〇円を超える。年収三〇〇万円弱で暮らす三人以上の世帯が日本でも水貧困に陥るわけだ。ちなみに年収が三〇〇万円以下の世帯は、全世帯の三割以上を占める。[20] 水道を民営化すれば、日本でも水貧困の急増は確実だ。

水貧困になると、どうなるか。イギリスの「水貧困」世帯では水道料金を気にするあまり、入浴やシャワーを控えたり、トイレの水を流さなくなるなどの行動がみられるという。水道設備が整った同じ社会でともに生きているはずの人々のあいだに大きな「分断」が生まれているのだ。

水貧困の世帯が急増するイギリスと対照的なのが、隣国アイルランドだ。アイルランドはOECD加盟国で唯一、水道運営を一般財源（税金）で直接まかなっている国である。つまり、各家庭に水道使用量をはかるメーターはなく、水道料金の請求書が来ることはない。結果として「水貧困」そのものが存在しない。

水は人権である以上、あまねく国民が享受するべきものであるという位置づけを徹底し、国費で水道料金をまかなっているわけだ。

ところが、そのアイルランドで、水道運営の財源を、使用量に応じて各家庭から徴収する料金によってまかなおうという動きがある。その前段階として各家庭にメーターを設置しようとしたところ、市民の激しい反対運動が巻き起こった。水は生きていくために必要なもの、公的にまかない、絶対に水貧困を避けるべきだという運動だ。

イギリスとアイルランドを比較すれば、公営水道と民営水道の違いはもはや明らかだろう。水を「商品」として扱うと、人権が損なわれる可能性が高まる。すべての人が生きるために例外なく必要な水を〈コモン〉として扱うのか、利益をあげることを許す経済財として扱うのか。

水に、それぞれの社会の考えや選択が凝縮されているのだ。

▼資本主義の行き過ぎと民主主義の危機

水貧困世帯が急増している背景には、民営化による水道料金の高騰だけでなく、もちろん経済格差の拡大がある。グローバル化はヒト、モノ、カネ、情報の自由な越境的移動を可能にした一方で、グローバル化の恩恵を受ける者と受けられない者のあいだに深刻な格差をもたらした。

欧州では、EUの財政規律と世界金融危機による緊縮財政政策が、これに追い打ちをかける。公的支出をできるだけ削減する必要があるという大義名分ができて、民営化を拡大する新自由主義を深化させた。

そして貧困までいかずとも、当たり前に仕事をして当たり前の生活をすることさえ「贅沢(ぜいたく)」になってしまった。右派ポピュリズムの横行、極右の台頭、不寛容といった現象は、そういった時代の申し子だ。

そんななか、イギリスのＰＦＩ凍結宣言や公共サービス再公営化への動きは経済的な損得勘定だけで進んでいるのではない。機能不全になった既存の民主主義を再構築し、人々の手に自己決定権を取り戻す動きのひとつとして支持され、歓迎されているのだ。

そうした大きなうねりについて、次章ではみていきたい。

第五章　再公営化の起爆剤は市民運動

▼再公営化が公約に

前章でみたように、ＰＰＰ／ＰＦＩに対する市民の怒りはイギリスの政界にも大きな影響を与えた。二〇一〇年代の後半にあたるこの時期、最大野党の労働党の存在感が日に日に大きくなってきていたのだ。台風の目となっていたのはジェレミー・コービン党首であった。

労働党は、ブレア政権・ブラウン政権時代に市場原理主義を部分的に採用する「第三の道」路線を二〇年以上も採用してきた。保守党の経済政策を踏襲したせいで、保守党との違いがみえにくくなり、低迷した。二〇年を経て登場したのが、コービンだった。

コービンは「オールド・レイバー」と呼ばれる古いタイプの急進左派で、長いあいだ傍流の一議員だった。ところが、富の再分配や経済の民主化など、社会主義色の強い公約を発表すると、現状に不満をもつ若年層などから熱狂的な支持を受け、党首となった。二〇一五年のことだ。

コービン旋風はその後も吹き荒れた。一九万人だった労働党員数が短期間で三倍近い五六万人に拡大した。二〇一七年の総選挙ではライバルの保守党を単独過半数割れに追い込んだ。

その際、コービンの掲げた公約のなかでも、有権者からもっとも熱烈な支持を受けた政策が、「公共サービス（交通、水道、郵便、電力）の再公営化」だったのだ。

それとほぼ同時期に、前章で述べたようにＰＦＩのからくりが続々と明らかになり、国民の怒りが抑えられなくなった。そして再公営化をめざすコービンへの支持が高まるにつれ、あせった与党・保守党は新規のＰＦＩ凍結を宣言するにいたったのだった。

▼止まらない再公営化の流れ

ＰＦＩの総本山での新規案件凍結という劇的な転換――。

このうねりが生まれたのは、コービンが労働党の党首としてリーダーシップを発揮し、新自由主義や緊縮財政と決別する政策を打ち出したことが非常に大きい。

だが、保守党が争点をブレグジットにしぼり込んできた二〇一九年一二月の総選挙では労働党が敗れた。では、今後、再公営化への流れはストップするのだろうか。

私はそうではないと予測している。コービンを支えてきたその原動力は、市民運動の力だったからだ。二〇一九年末の総選挙で労働党が敗退したけれども、次をめざして運動も政策も深化していくだろう。

この章では、その市民運動の力をみていくのだが、傍流議員にすぎなかったコービンを党首に押しあげた市民運動を振りかえるところから始めてみよう。それは、若者が中心となって生まれた草の根の政治運動、「モメンタム」だ。

二〇一六年に組織として整い始めたばかりのグループだが、わずかのあいだに勢力を劇的に拡大させ、現在では三万人の会員と一七〇余の地方ネットワーク[1]とを誇る。労働党の下部組織ではなく、独立した政治組織ではある。しかし、運動の目的は、労働党の民主化だ。「第三の道」路線から労働党を決別させ、党内で社会正義や左派的な勢力を広げるために尽力することだ。この「モメンタム」が党に新しいエネルギーを与えているのだ。

日本ではコービンはもともとカリスマ的な政治家だったと誤解されがちだが、そうではない。労働党内ですらはみ出し者扱いを受けるような政治家だった。左派色が強いことから「時代遅れのマルクス主義じいさん」と揶揄されることもしばしばだった。

そのコービンを一躍、政治のメインストリームに押しあげたのが「モメンタム」である。二〇一五年の労働党党首選では、労組の支援を受けて出馬したコービンだったが、当選の原動力となったのは労組票ではなく、党首選の選挙権を得るためにあえて労働党員となったモメンタム運動の若者たちだった。「再分配」や「公正な社会」を重要視する彼らはコービン党首の左派的な政策に共鳴し、圧倒的な支持を与えたのだ。「モメンタム」なしにコービンブームはあり得なかった。その構図はアメリカのサンダース現象とよく似ていた。

このことは、二〇一九年の総選挙での世代別の投票先に象徴的にあらわれている。労働党が敗北したこの選挙でも、若い世代は圧倒的に労働党を支持していた。一八歳から二九歳までの有権者の過半数以上が労働党に投票したのだ。[2]

新自由主義的政策から脱却し、労働党が公約していた再公営化路線に早く切り替えないと未来の社会が破綻すると、若い世代はよく理解しているようなのだ。

▼「モメンタム」の政策フェスティバルTWT

こうした公共サービスを自分たちの手に取り戻したいと願うイギリスの人々の熱気の高まりと「モメンタム」の勢いを私自身、肌で感じたことがある。

私たちトランスナショナル研究所が二〇一七年にまとめた世界の再公営化事例の調査報告が、コービン党首の政策スタッフと「モメンタム」の活動家たちの目にとまった。そして二〇一八年、「モメンタム」が主催する、イギリス最大の政策フェスティバルTWT

（The World Transformed）にパネリストとして招待されたのだ。[3]

四日間にわたるこのイベントでは、公営化問題はもちろん、「ミュニシパリズム」（第七章参照）、ＬＧＢＴ、移民問題、反ファシズム、資本主義と社会主義、気候変動など、さまざまな問題をテーマに数十もの分科会が開催される。

ナオミ・クラインやオーウェン・ジョーンズといった著名なジャーナリストたちも登壇する。

このイベントはアーティストやミュージシャンたちにも場がひらかれていて、若い世代ならではのクリエイティブな空気に包まれる。まさに「フェス」ということばで呼びたくなる雰囲気なのだ。

だから、それまで政治にあまり興味のなかった一般の人たちも数多く押しかける。参加者は五〇〇〇人にものぼった。[4] もちろんさまざまな運動の活動家、研究者、ＮＧＯの人々が多数参加するので、プログラムの時間以外でも、政策議論と交流が進む。

先述したように、「モメンタム」は労働党の下部組織ではなく、党と連携はしているものの独立した市民運動の団体だ。この距離感が絶妙だと思う。

「モメンタム」の主催するＴＷＴは、毎年、労働党党大会と同時並行して開催されるため、すぐ近くの党大会の会場から、労働党の政治家たちもTWTに積極的に通ってくる。だからTWTに参加する若い世代の人々も、忌憚(きたん)なく政治家たちと意見を交わすことができる。政治家たちも、草の根の人たちから現場の苦しみや声をじかに聞き、彼らの要求のなかから生まれてくる政策案の重要性に気づいていく。

このようにTWTは、草の根の社会運動と政治がまさにつながる場として、大きな役割を果たしているのだ。そのなかで、一般の人たちも、自分自身の生活に直結する政治的な事柄について、まさに「自分のこと」としてなんとか変えていきたいという意識をもつようになっていくのだ。

自己決定権というのは民主主義の根幹だ。だからこの場で、死にかけの民主主義がよみがえっていると言ってもいい。

▼大胆な政策提言

しかもTWTで扱われる内容は、思いっきり斬新で革新的だ。たとえば、私自身は、「A Global NHS？ Public Services Across Borders」（イギリスの公的医療を国境を越えてグローバルに広げることはできるのか）というセッションに登壇した。

なにが革新的なのか。イギリスでかろうじて公的なものとして残っている医療サービス（日本の国民皆保険にあたるもの）を民営化から守ろうというのが最初の問題提起だとすれば、そこにとどまらない論点が提示されている点だ。

このセッションで議論されたのは、イギリス国内だけでなく、世界中のあらゆる人が公的な医療サービスを享受できるようにするべきだという革新的なビジョンだった。

歴史を振りかえると、イギリスは援助や融資という名のもとに、途上国の公共サービスを民営化させてきた張本人のひとりだ。だから、労働党は、開発援助政策を一新しようとしたのだった。途上国に民営化を押しつけ、自国のPFI事業者の市場拡大に手を貸す政策を停止し、教育、医療、水道の公共セクターの強化を目的とする援助（ODA）プログラムをマニフェストに入れた。

それをどう具体的に実現するのか、というのがこのセッションの議題だったのだ。

▼二一世紀型の新しい社会主義

数多く開催されたパネルもそれぞれ大いに熱気に包まれたが、きわめつけはフェス最終日にひらかれた「Towards a Socialist Government」（社会主義的な政府をめざして）のセッション会場だった。立錐の余地もない盛況ぶりで、しまいには入場制限もかかるほどだった。セッションでは「For the Many Not the Few」（多くの人々のために、少数の〈特権層の〉ためでなく）というスローガンが繰り返し強調され、緊縮財政に苦しむ庶民や貧困層に寄りそう労働党ビジョンが掲げられた。

このセッションの担当は、二〇一五年の党首選でコービンを擁立した労働党内の「社会主義者議員連盟」である。トニー・ブレアが提唱してこの二〇年来、労働党の看板政策となった「第三の道」を批判し、新自由主義との決別を強く主張してきた議員グループだ。そのビジョンは一見、急進的な社会主義的なものにみえる。だが、マニフェストに掲げられた公約を旧来の中央集権的な社会主義や計画経済と結びつけて考えるのは妥当ではない。

水道再公営化については、現在の九つの民間水道会社を議会が決める値段で買い取り、九つの流域公共水道機構へと移行させることが、提案された。労働者はそのまま新しい流域公共水道機構に移るが、民間水道会社の取締役たちには全員去っていただく。

この流域公共水道機構をいかに民主的な管理と公的な精査が及ぶよう組織するのかが、政策案の要とされた。〈コモン〉を人々の手で管理しようということだ。

コービン労働党がめざしていたのは労働者、地域コミュニティ、普通の市民を中心に置いた二一世紀型の新しい社会主義であった。グローバル資本が収奪していく富を地域社会経済に取り戻す公共経済と政治の民主化のプログラムである。ソ連の国家主義的な社会主義とは違う、「二一世紀の社会主義」と表現してもよいかもしれない。

本書の執筆段階では二〇二〇年四月の労働党党首選の結果は出ておらず、コービンの後を継ぐ党首が誰になり、どんな政策をとるのかはわからない。しかしながら、党首選に出馬した四人の候補者全員が、再公営化政策については継承することは公約している。

そして、党とは独立した「モメンタム」の市民運動は、大きな力をもったまま継続していく。政治家たちの駆け引きや政局に左右されることなく、経済と政治の民主化を求め続けていくだろう。

▼草の根の活動家たちが政治とつながる

ところで、労働党に影響を与え、再公営化運動を牽引（けんいん）してきたのは「モメンタム」だけではない。「モメンタム」とともに、民営化に異を唱え、地道に活動してきた草の根の活動家や研究者たちの活躍も見逃せない。この人たちの運動や研究がなければ、議論がここまで深まることも普通の市民に支持されることもなかっただろうと思われる、重要な存在だ。

再公営化を求める市民運動のなかでも代表的なのが、「We Own It」（所有しているのは私たちだ）という団体だ。設立は二〇一三年。民営化されたオックスフォード市内の交通システムの改善を、利用者として求めるところから始まった。

彼女らは「Public Services for People not Profit」（利潤のためではなく人々のための公共サービスを）というスローガンを掲げて、民営化の問題点を明らかにし、再公営化の重要性を人々に訴える活動を続けてきた。さまざまな専門家と協力を惜しまず、研究成果を一般市民にもわかるようなことばで広報活動を行い、署名運動や地元の議員への働きかけなど草の根的な運動を展開している。

そのディレクターのキャット・ホッブスは今ではメディアの寵児だ。民間鉄道、電力、水道、刑務所、保護観察施設のスキャンダルが発覚するたびにＢＢＣなどのメディアに登場する存在となっている。

また地道に公共サービスの民営化の問題やリスクを研究し、市民運動のために発信し続けた人物もいる。

その筆頭にあげたいのが、前章でも研究結果を紹介したグリニッジ大学のデヴィッド・ホール氏だ。

公共サービスには効率的な富の再分配機能（貧富の格差の是正）があるとホール氏は言う。雇用、とりわけ尊厳ある仕事を創出し、内需の拡大と地域社会経済構築の要になるということを研究者として実証してきた。市民と労働者が中心となって、民主的で効率的な公共サービスを管理する方法があるというのが彼の持説だ。

その彼は今や労働党のマニフェストにも大きな影響を与えている。現在は、水道・電力の再公有化のロードマップづくりを労働党の政策アドバイザーとして行っている。

▼ボトムアップで出来上がった労働党のマニフェスト

そして、労働党の内側にも市民を主役にして、もっと幅広い声を吸いあげようという気運が生まれてきた。労働党は、二〇一八年に「ナショナル政策フォーラム」なるものを立ちあげ、党員でない一般市民からも政策提案を受けつけるようにした。[5]

これは画期的なことだ。選挙以外にも政治に参画できるのだという勇気や自信を一般市民がもつことができるからだ。

「ナショナル政策フォーラム」が取り扱う政策分野は社会保障、食糧政策、地域経済、医療、教育などで、もちろん労働党の目玉の政策分野である再公営化の問題（民主的な公的所有）もふくまれる。

市民が行う政策の提案はオンライン経由でかまわない。政策フォーラムのサイトを見ていると、一日に一〇〇件の提案がならぶ日もある。

こうした政策提案は、各地域から選ばれた二〇〇名の党員が整理・集約し、エビデンス会合という場で専門家のアドバイスも参照した結果を踏まえて労働党党大会で発表するという道筋が用意されている。

その専門家エビデンス会合には、じつは私も招聘（しょうへい）され、再公営化問題についての政策アドバイスを行った。

党員でもなければ、イギリス人でもない、私たちのような研究所にも声をかける。党のビジョンを実現させるための知見を、国内外問わずに集めようというのは画期的なことだ。こうしたボトムアップの方法そのものから政党の野心や新しい挑戦を感じることができる。

そうしたボトムアップの政策決定プロセスの成果が、二〇一九年一二月の総選挙を前に、労働党が発表したマニフェストとして、はっきり形をみせていた。なんと一〇五ページもある分厚い公約集が公開されたのだ。

「緑の産業革命を」、「私たちの公共サービスを再建しよう」、「貧困と格差を撲滅しよう」といった五つの章がならび、二〇〇超の政策をぎっしりつめこんだ重厚なものだった。これだけのマニフェストをボトムアップで作りあげるまでに、市民の力は成長し、それを吸いあげるだけの仕組みを労働党は作った。

かたやボリス・ジョンソン率いる保守党のマニフェストはおよそ半分の分量で、予算表もない。ブレグジット（EU離脱）を争点にすれば選挙に勝利できるという戦略だったのだろうが、新しい社会を構想する力においては、労働党が勝っているという印象を強烈に与えた。

こうしたボトムアップで新しい選択肢を構想する仕組みは、長い目で見たときにイギリスの社会を大きく変えていくであろう。

▼再公営化とは経済的な決定権を取り戻す挑戦

エスタブリッシュメントばかりが姑息（こそく）に得をする新自由主義からイギリスが手を切る日が近いことを予感させる重厚な二〇一九年版マニフェストだったが、そのなかでも注目を浴びたラディカルな政策案がある。二〇一八年の党大会でも語られた包摂的所有基金だ。

包摂的所有基金「ＩＯＦｓ」（Inclusive Ownership Funds）とは二五〇人以上の従業員を抱える企業に、従業員による一部の株の所有を義務づけるもの。企業収益を株主だけでなく、従業員にも再分配することを目的とする法制度だ。

この法律が成立すると、企業は毎年少なくとも一％（最大で一〇％）の株を社員が所有する、包摂的所有基金に繰り入れることを義務づけられる。つまり、基金を通じて、労働者は企業の株の一部を所有することになるのだ。この仕組みによって労働者ひとりあたり毎年最高で五〇〇ポンド（約七万円）の配当を報酬として受けとることが可能になる。

また、労働者への再分配後に余った配当は国庫に収められる。これは公共サービス充実のための資金として使われる。

労働党の試算によれば、その総額は年間二一億ポンド（約二九四〇億円）にものぼる。[6]

興味深いのはこうしたラディカルな政策が労働党だけでなく、保守党支持者からも高い支持を得ていたということだ。二〇一八年の世論調査では「包摂的所有基金」法制化に賛成する保守党支持者は三九％（反対三四％）にもなっていた。[7]

二〇一九年の総選挙はイギリスのＥＵ離脱が争点にされてしまったが、本当の課題は新自由主義に対抗し、格差と貧困に立ち向かう労働党の歴史的なチャレンジに国民の大きな支持が集まるかということだったはずだ。

労働党が約束した公共サービスの再公営化は、支持政党にかかわらず高い支持を保っている。元・労働党支持者で今回、他党に投票をした人々を対象にした調査では、労働党の経済政策が支持できないからだと答えた人はわずか六％だった。[8]

水道、電気、交通、郵便などの再公営化は、社会的なコンセンサス（合意）となっており、保守党政権であっても人気維持のために再公営化を推進するしかないとデヴィッド・ホール氏は予測している。

現に総選挙後の二〇二〇年一月、分割・民営化されていた鉄道の北部地域網の再国有化を保守党は決定した。これは労働党のマニフェストに書かれていたことであるし、先述した「We Own It」が粘り強く要求運動を展開してきた成果でもある。

この章の最後をカリリオン倒産やＰＦＩで揺れた二〇一八年の党大会での、ジョン・マクドネル影の内閣・財務相のことばで締めくくろう。

「（再公営化の推進は）過去に解決策を求めているだけであると批判する人もいるが、そうではない。水やエネルギーといった重要なサービスの公営化は、労働者、市民、地域社会の手に、かつてないほどの経済的な力をもたらすものだと、私たちははっきり主張してきた[9]」

このことばには、労働党、あるいはイギリスという枠を超えた真実がある。再公営化とは私たちの経済的な力を取り戻すための挑戦なのだ。

第六章　水から生まれた地域政党「バルセロナ・イン・コモン」

▼経済の民主化

ここまでみてきたように、フランスでも、イギリスでも、公共サービスの再公営化を行政任せにせず、市民が積極的に参画し、民営化で失われた〈コモン〉の管理権（社会的な富の管理権）を回復しようとする自治的な動きが起きてきている。水道などの公共サービスについての自己決定権を取り戻そうという民主主義的な運動だ。

これを私は、「経済の民主化」と呼んでいる。

水道サービスの民営化は株主優先、企業利益優先というビジネスルールによって、公共が解体されるプロセスでもあった。その公共を再構築するためには、住民の参画が欠かせない。

再公営化をするにしても、コンセッション契約を破棄した後は自治体にお任せというやり方では危うい。後の選挙で新自由主義と親和性の高い首長や議員が多数を占めれば、民営化やアウトソーシング路線に戻るかもしれない。

そこまでいかなくとも行政改革の名のもとに、企業の経営手法を行政運営に積極的に取り入れるニュー・パブリック・マネジメントが主流になるだろう。

公の運営イコール住民目線のひらかれた水道サービスではないのだ。

だからこそ、住民一人ひとりが水道経営の主体であるという認識に立ち、その公共サービスのあり方について広範な市民が公開で議論し、決定する。そんな民主化のプロセスが不可欠なのである。

▼「15－M運動」と「怒れる人々」

こうした新しい民主主義の形がもっともはっきりと現れているのがスペインだ。公共サービスを市民の手に取り戻そうという運動によって、国政レベルでも地方レベルでも有力な市民型政党が生まれ、緊縮策を推進する既成政党やエリート層に反発する人々の政治的受け皿となっているのだ。

動きの中心にいるのはスペインで発生した「15－M運動」の参加者たち、すなわち「怒れる人々」(Indignados)と呼ばれる市民たちだ。

「15－M運動」の担い手の中心は失業したり住宅ローンが払えなくなったりした若者たちだ。就職先がないことを不安に思う学生も多い。そういう若い世代が、統一地方選挙を前にした二〇一一年五月一五日(スペイン語で15 Mayo)に各地で草の根の政治集会をひらこうと呼びかけたのだ（「15－M運動」の名称は15 Mayoに由来する）。

その日、国民の生活よりも債務削減を優先する政権に怒る市民、およそ一三万人が、マドリード、バルセロナ、グラナダなどで抗議活動に参加した。またマドリードではその夜、市中心部にあるプエルタ・デル・ソル広場を「怒れる人々」が占拠して抗議を続けた。バルセロナ市のカタルーニャ広場でも同じように占拠による抗議が展開された。

こうした反新自由主義、反緊縮の運動は支持を広げ、六月一九日にはスペイン全土の約八〇都市で、およそ三〇〇万人もの人々が街頭に出て抗議をしたと伝えられた。[1]

当時、スペインでは二〇〇八年のリーマン・ショックから始まる世界経済危機の影響を受け、実質GDP成長率がプラス三・五％（二〇〇七年）からマイナス三・七％（二〇〇九年）へと急落し、失業と貧困が広がっていた。それにもかかわらず、銀行救済の公的資金投入などで債務がふくらんだスペイン政府がEUの財政規律（財政赤字は対GDP比三％以内）を守るため、福祉や教育など、公共サービス関連の予算を大幅に減らした。

とくに二〇～三〇代の若年層のダメージは深刻で、その失業率はピークの二〇一三年には五五・七％にも達した。[2] それが欧州を席捲（せっけん）する「反緊縮」運動の着火点となったのだ。

▼広場の政治と国政政党「ポデモス」

「15－M運動」が興味深いのは、人々が集まって不満の声をあげてデモをして終わりというのではなく、占拠した広場や大通りにイスやマイクを持ち出し、多彩な青空ディベートや車座集会がひらかれたことだった。

債務返済のツケを庶民に押しつけるだけの議会制政治に失望した「怒れる人々」は「広場の政治」をスローガンに掲げ、市民一人ひとりが自分たちの望む政治に関われる民主主義をめざしたのだ。

そうした「15－M運動」のスタイルは海外にも影響を与え、その年の秋のウォール街占拠運動のきっかけになった。「九九％VS.一％」のスローガンで有名になったあの運動だ。

もともと、スペインは伝統的に民主主義を求める市民運動が盛んなお国柄である。フランコ統治時代の独裁政治に抵抗した「不服従」の記憶と気質が今も脈々と社会に根づいていることもあって、「怒れる人々」の主張は共感をもって人々に受け入れられた。

そして、「15－M運動」の潮流は、当初の抗議運動が終息した後も続いている。ストリートの抵抗だけでは不十分だと、政党が作られるようになっていったのだ。国政レベルから紹介すれば、左派政党「ポデモス」を誕生させた。「ポデモス」とは日本語に訳すと

「私たちはできる」という意味である。EUが押しつける財政規律に抵抗し、反緊縮を掲げる「ポデモス」は、二〇一四年の誕生と同時に国政舞台に登場し、その後浮き沈みがあったものの、二〇一九年一一月の選挙の結果、第一党の社会労働党（PSOE）と連立政権を樹立した。

▼水の運動から生まれた「バルセロナ・イン・コモン」

そして私が注目しているのは、「怒れる人々」の運動が生み出した、地域レベルでの政治グループだ。

「15－M運動」の参加者の多くは、それぞれの地元に、「シルクロ」（スペイン語でサークルの意味）と呼ばれる、地域組織を結成した。「ポデモス」とゆるやかに連携する存在だ。

「シルクロ」が中心となって生まれた草の根の政治グループは二〇一五年の地方選で、六つの自治州で反緊縮を掲げる左派政権を誕生させたばかりか、マドリード、バルセロナといった大都市でも市政の一翼を担うまでの勢力になったのである。こうした新興の地域政党のうち、もっともめざましい活躍をみせた地域政党が「バルセロナ・イン・コモン」（現地語名バルサローナ・アン・クムー）だ。

バルセロナの「怒れる人々」が抱えていた喫緊の政治課題は、住宅不足と水道・電力の料金高騰だった。

住宅不足の原因は、オーバー・ツーリズム、つまり過度な観光誘致政策だ。バルセロナを訪れる観光客は年間三二〇〇万人にのぼり、賃貸アパートがもっと儲かる民泊施設に転用されていった。当然ながらアパートの物件不足は家賃の高騰も引き起こす。バルセロナ市の家賃は、二〇一三～一八年のあいだに、三八・二％も上昇した。[3] そのため、家賃が支払えない低所得者が家主から立ち退きを迫られ、路頭に迷うという事態が相次いだ。

その一方ですでに民営化されていた水道や電気の料金は、高騰を続けた。第四章で紹介したイギリス同様、バルセロナでも料金の支払いができない「水貧困」、「エネルギー（電気）貧困」の問題が深刻化していた。

普通の人々が普通の暮らしを営むことができない――。「バルセロナ・イン・コモン」は水や電力といった社会的な権利を脅かす民営化への対抗運動、そして市民の住まいの権利を守る運動などが基盤となって生まれたのである。

▼バルセロナの水道再公営化運動

ここでは先に、バルセロナ市の水道問題に焦点をあててみたい。

バルセロナにおける水道民営化の歴史は古く、一八六〇年代にまでさかのぼる。水道供給の事業者は、あの水メジャー、スエズ社の現地法人アグバー・スエズ（以下、アグバー社）である。アグバー社はときの政治勢力と巧みに結託しながらシェアを伸ばし、バルセロナのあるカタルーニャ州では市場の八割以上を占有していた。

ところが、カタルーニャ州の民間水道の料金は、別の地域の公営水道よりも二五％ほど高い。高騰する水道料金はバルセロナ市民の悩みのタネとなっており、二〇〇〇年ごろから、バルセロナを中心に水メジャーに対抗する市民が草の根の運動を続けてきていた。

そのなかでもアグバー社の問題にいち早く警鐘を鳴らし、情報収集を重ねてきたのが、NGO「国境なき技術者団（ISF）」や「バルセロナ地域自治協会（FAVB）」の若き活動家や研究者たちである。

フランスやイギリスでの「再公営化」の動きに先駆けて、ここバルセロナで水メジャーへの抵抗運動が、始まっていたのだ。

そして、二〇〇八年の経済危機をきっかけに、不況によって水道料金を払えなくなった困窮世帯、つまり水貧困の人々に対して、アグバー社は容赦なく水道の供給停止措置を取った。そこで市民の怒りに火がついた。

▼アグバー社のスキャンダル

闘いの始まりの号砲となったのが、漏水で過剰な料金請求を受けた市民が起こした二〇一〇年の裁判だった。裁判の過程で、とんでもない事実が発覚したのだ。

なんとアグバー社とバルセロナ市とのあいだで、水道の運営に関する契約が存在しないことが表面化したのだ。近郊の一七自治体との契約も同様になかった。[4] つまり、アグバー社はなんの法的な取り決めもないまま、一五〇年以上、水道ビジネスを続けていたのだ。

さらに、水道料金の約半分が、株主配当や広告費、そして親会社スエズ社への支払い（水供給に関するノウハウ料）として使われていたことも判明した。これは「国境なき技術者団」の調査の結果だ。[5]

アグバー社に支払う企業報酬と親会社スエズ社に支払う知識・ノウハウ料がなくなるだけで三八七〇万ユーロ（約四六億円）の節約ができ、したがって、水道料金を一〇％値下げすることが可能になるとの試算も公表された。

こうした「怒れる人々」の追及や運動は「命の水市民連合」へと発展し、これがのちに「バルセロナ・イン・コモン」を生む母体となる。

しかし、当時、右派が多数を占めていたバルセロナ市議会は、市民の批判を無視し、二〇一二年、契約不存在という不都合を解消するために、上下水道サービスを行う新会社ABEM社を設立したうえで、八五％の株を一般競争入札もしないまま、アグバー社に譲渡してしまったのである。[6]

この不明朗な株式取得によって、アグバー社は今後三五年間、合法的かつ安定的にバルセロナ市の水道ビジネスを継続できることになった。

そのアグバー社に対して、激しく抗議活動を繰り広げたのが「命の水市民連合」だった。「国境なき技術者団」や「バルセロナ地域自治協会」を核に、さらに多くの市民を巻き込んで、二〇一一年から脱民営化のために活動していたグループだ。

さらには、中道系の市議やほかの民間水道会社などからも、この不透明な株譲渡に対して「アグバー社と市の歴史的な癒着をうやむやにする措置」という批判の声があがった。

市民からの提訴を受けたカタルーニャ州最高裁判所も、二〇一六年に「ABEM社による水道サービス契約は無効」との判決を下した。だが、その後、ABEM社はスペイン最高裁判所に上告した。

▼「バルセロナ・イン・コモン」と「国境なき技術者団」

水道再公営化を求める人々にとって、ABEM社の株がアグバー社にすんなり譲渡されてしまった事件は、衝撃的だった。市政においてこれだけ不透明なことが行われ、司法まで動いても、事態が変わらない。さあ、どうすべきか。市政を動かすには、自分たちが政党を作って、議会に出ていくしかないのかもしれない――。

その当時、バルセロナの水の運動の仲間たちが「市民主体の地域政党を立ちあげて二〇一五年の地方選挙を闘いたい」と打ち明けてくれたことをよく覚えている。

また同時期には、家賃の高騰や低所得者の立ち退き問題など、住宅問題への怒りも頂点に達していた。

二〇一一年五月には、この章の冒頭で触れたように「15－M運動」の抗議デモがあり、二〇一四年には国政政党「ポデモス」が生まれた。そして、「ポデモス」ともゆるやかなつながりをもつ「バルセロナ・イン・コモン」も生まれ、水や住宅の社会的権利運動に関わる若者たちやＮＧＯのメンバーたちが、革新的な地域民主主義を核にする、この地域政党の中心的なメンバーにごく自然になっていった。もともとＮＧＯと市民組織、住民自治組織の垣根が低く融合的なバルセロナでは当然の流れだった。

そして、初陣となった二〇一五年の地方選挙。水道再公営化や住宅問題の解決を公約に掲げた「バルセロナ・イン・コモン」が、定数四一議席中、一一議席を獲得し、市議会の第一党に躍り出た。「バルセロナ・イン・コモン」から出馬した「国境なき技術者団」のメンバーたちも当選を果たし、市議となった。[7]

また「バルセロナ・イン・コモン」は、市民が意見を述べ、政策提案をできる市民参加プラット・フォームも充実させた。「国境なき技術者団」のメンバーからは、市民の立場で、水道事業に関する政策アドバイザーとして手腕を振るう者も出てきた。

その一方で、ＮＧＯや市民団体にあえて残っているメンバーも多々いる。政治や政策を機関のなかから変えていく人と、外にいて草の根の立場から政治を監視し市民として参画する人とのあいだに健全な緊張関係を保っている。バルセロナの水の市民運動のこの成熟ぶりには、目を見張るものがある。

▼市民活動家が市長になった

二〇一五年に市長になった「バルセロナ・イン・コモン」のアダ・クラウについても触れておきたい。二度目の地方選では若干、苦戦したものの、それでも、クラウが市長として二期目をつとめることとなった。

クラウ市長は政治的キャリアこそなかったものの、住居の権利のために闘う活動家として著名な存在で、住宅ローンや家賃が支払えなくなった住人が強制退去させられそうになると現場に駆けつけてピケをはり、執行をストップさせるなどの活動に取り組んできた、勇敢な女性だ。常に自らの体をはって抗議をするため、過去には公務執行妨害で逮捕されたこともあるほどだ。

市民活動家を自負するだけに、彼女の打ち出す政策は「草の根目線」のものが多い。市長としての初仕事は、それまで政治家や市の幹部しか立ち入りを許されなかった市庁舎内の豪華なバルコニーを開放し、市民が自由に利用できるようにすることだった。

具体的な政策としては、まず自分が得意の住宅問題について市長が打ち出したのはオーバー・ツーリズムの解消策だった。民泊向けマンションの固定資産税引き上げ、民泊施設の建築許可凍結、新規ホテルの建設禁止といった大胆な規制策を次々に実施に移した。産業界からの批判にも怯むことなく、果敢に攻め続けている。民間アパートを買い取り、賃料の安い公営住宅へと転換する施策もそのひとつだ。

▼水道再公営化への布石

もちろん、水道問題についても、クラウ市政はただちに手をつけ、二〇一六年一一月に再公営化に必要な調査を開始する動議を賛成多数で可決させた。

先述したように「バルセロナ・イン・コモン」には水道サービスの再公営化をめざす「命の水市民連合」などのメンバーも数多く参画している。水の運動を続けてきた専門家、技術者、活動家の知見や提案を取り入れながら、アグバー社・ABEM社の運営の調査や財政の監査を実施しているのだ。

また、クラウ市政は翌二〇一七年秋には、カタルーニャ州で再公営化を実現した自治体や再公営化を計画している自治体と連合し、「カタルーニャ公営水道協会」も発足させている。

カタルーニャ州では二〇一四年だけで州人口の一・六%にあたる一二万人が料金滞納により水道サービスを停止された。[8] これだけ「水貧困」が増えているだけに、安価な水の供給が可能となる再公営化への関心は高い。

そこで、「バルセロナ・イン・コモン」は関心をともにするほかの自治体と協働することで、再公営化に弾みをつけようとしたのだ。

ただし、前市政末期に結ばれた三五年間の契約のせいで、アグバー社とABEM社の権益はより強固になっている。粘り強い運動が必要だ。

▼「怒れる人々」と水メジャーとの闘い

市民の側も動き出した。「命の水市民連合」は再公営化の可否を問う住民投票の実施を市に求めようと署名活動を行い、議案提出に必要な数の署名を集めることに成功した。[9]
住民投票はシンプルに「あなたは民主的な公営水道の設立に賛成ですか?」と問うものだ。スペインでは住民投票に法的な拘束力はなく、たとえ賛成が多数であってもすぐに再公営化が実現するわけではない。それでも、巨額の違約金を支払ってでもアグバー社との契約を破棄すべきだという民意が示されれば、再公営化に向けた大きな政治的カードになるはずだと市民の側は考えた。
ところが、市議会で住民投票提案が一度は、否決された。アグバー社が野党議員に猛烈なロビーイングを仕掛けたのだ。また、のちに、市議会が住民投票実施を可決すると、それに異を唱えていくつもの行政訴訟まで起こしてきた。

水道サービスをめぐるバルセロナ市の現状は既得権を手放したくない水メジャー＝公共サービスの市場化で利益を貪る人々と、「怒れる人々」＝公共のコントロールを回復したい人々のにらみ合いが続いていると言ってもよい。

この膠着（こうちゃく）状態を打開するきっかけになると期待されているのが、前述した二〇一九年末に出されるスペイン最高裁判所の判決である。裁判は二〇一二年にＡＢＥＭ社が一般入札なしでバルセロナ市都市圏の水道契約を獲得した例の事件の合法性を問うたものだった。市民の注目のなか、二〇一九年一二月、スペイン最高裁判所はカタルーニャ州最高裁判所の判決を翻し、ＡＢＥＭ社の契約の合法性を認めた。[10]

このことについて、判決の出た直後に開催された国際会議「Future is Public」で「命の水市民連合」のメンバーが報告してくれた。しかし、彼は決して絶望していなかった。

この会議には、水道再公営化に粘り強く取り組むジャカルタ市民も参加していたが、再公営化をめぐる闘いが何年にもわたる法廷闘争になることは珍しくない。そして敗北も。それでも市民の対抗運動は創造的に新しい戦略を生んでいくに違いない。

第七章　ミュニシパリズムと「恐れぬ自治体」

▼民主主義の原点・広場にて

アダ・クラウの市政が始まった二〇一五年、国連関連の水の会議を終えた私は「バルセロナ・イン・コモン」のメンバーとともに、市内のとある広場にいた。彼らと協力して、バルセロナや周辺都市での水道再公営化をめぐって、市民をまじえた討論集会を企画したのだ。

これは政治を一部の人だけのものにしないで、広場で誰もが参加できるものにという「バルセロナ・イン・コモン」の哲学を体現したものだった。

どんと構えているバルセロナの仲間たちとは裏腹に、私自身はいろいろな心配をぬぐえずにいた。広場での集会の経験のない私は雨が降ったらどうするのか、音響は大丈夫かと気が気でならず、そもそも、町内会の延長のような集会で水道の再公営化について、国外からのゲストをまじえて討論しても参加者から反響はないのではないかと不安だったのだ。

しかし、広場にならべたイスはじきにいっぱいになり、聴衆が真剣に耳を傾けているのがわかった。質疑応答も活発だった。地域政党「バルセロナ・イン・コモン」と「水の権利運動」を辛抱強く続けていた仲間たちを信じて、彼らの民主主義の原点である「広場」

を会場にして正解だった。

▼水道再公営化を支援し合う自治体

登壇したゲストたちの多くは、水道再公営化の最前線で闘う、欧州各地の自治体や運動のリーダーたちだった。多くは私が長年の活動のなかでともに闘ってきた仲間たちだ。

今回の収穫のひとつは、バルセロナの環境担当副市長ジャネット・サンズと、パリ市の環境担当副市長セリア・ブラウエルをこの会で引き合わせることができたことだ。[1] パリの水道再公営化の立役者のひとり、アン・レ・ストラがかつてつとめていたポジションを同じく緑の党所属の若手、セリア・ブラウエルが引き継いでおり、彼女は「オー・ド・パリ」の議長もつとめていた。

バルセロナは困難な再公営化運動の渦中にある。パリの副市長がバルセロナの闘いに協力を惜しまないと壇上で約束をした。そして実際、その後、バルセロナとパリの協力や連携が深まっていくきっかけになったのだ。

「バルセロナ・イン・コモン」が闘っている相手が、かつてパリが手を切ることに成功したスエズ社の子会社であることを考えれば、この出会いの意義がわかってもらえるだろう。

▼住民提案で決まった再公営化を問う住民投票

先述したように、この広場での討論集会の成功には、「バルセロナ・イン・コモン」の人々の「経験」がある。

「バルセロナ・イン・コモン」は週末などにひらかれる「地域自治協会」の集会に各地区を担当する市議を参加させ、地域住民と車座で議論することを定例化させたのである。そこで論議された内容は「バルセロナ・イン・コモン」にもち帰って共有し、優先順位をつけたうえで政策化され、市議会や市長室へと届けられる。

この地域自治協会はもともとバルセロナに根づいていた伝統的な自治のスタイルであった。自治体任せにせずに、地域レベルのことは住民が寄り合って小さな合議体を作り、話し合いで決定してきたという歴史がある。これをアダ・クラウ市長は活性化させ、市政につながるルートとして制度化した。

これまで政治がかえりみることが少なかった市民のニーズを丁寧にすくいあげ、市政に直接反映させようというこの仕組みは、「バルセロナ・イン・コモン」内では「政策のクラウド・ソーシング」と呼ばれている。

住民の意思をより直接的に市政に反映させようという狙いのもと、クラウ市政が新しく導入した「住民提案」のシステムも、同じように高い評価を集めている。

これは有権者の一％の署名があれば、住民が提起した条例案を市議会に提出して可否を問うことができるというものだ。市政の決定プロセスの手順としてはかなりハードルが低い。

この制度の適用第一号議案こそ、第六章の最後に触れたアグバー社が運営する水道サービスの再公営化を問う住民投票の提案だったのだ。

地域にとって大切なことは、地域の人々が集まって議論し、自律的に決めようという「バルセロナ・イン・コモン」の試行錯誤はやがて「ミュニシパリズム」(Municipalism)と称されるようになり、ボトムアップ型の自治を志向する世界各地のさまざまな都市から大きな注目を浴びることになった。

▼「ミュニシパリズム」とはなにか

「ミュニシパリズム」とは地方自治体を意味する「municipality」に由来することばである。選挙による間接民主主義だけを政治参加とみなさずに、地域に根づいた自治的な合意形成をめざす地域主権的な立場だ。もちろん、市民の直接的な政治参加を歓迎する。

そして公共サービスや公的所有の拡充、市政の透明性や説明責任の強化などの政策を重視する。したがって、水道の再公営化や公営住宅の拡大、地元産の再生可能エネルギー利用なども当然、推進する。

言い換えれば、「利潤や市場のルールよりも、市民の社会的権利の実現」をめざして、政治課題の優先順位を決めることでもある。つまり、「ミュニシパリズム」とは、新自由主義を脱却して、公益と〈コモン〉の価値を中心に置くことだ。[2]

クラウ市政での「ミュニシパリズム」の実践をみてみよう。バルセロナ市は、アウトソーシングされた自治体の公共サービスが二五〇以上にものぼることをまず調査し、支払っているコストに見合うサービスが実現しているかどうかを点検した。そして、市が一〇〇%責任をもって行うべきと判断したサービスについては、必要度の高いものから順に再公営化をめざしていった。

「バルセロナ・イン・コモン」のこうしたきめ細やかな住民目線の政策は、もちろん先述の「バルセロナ地域自治協会」との対話が欠かせない。

ただ、こういう実践が始まっている一方で、「ミュニシパリズム」という概念を体系的に説明するのは難しい。新自由主義、市場至上主義、緊縮財政に抗し、市民の社会的権利や政治参加を拡大する新しい政治的潮流であることに間違いはないが、日々に進化発展している運動だから、厳密な定義はない。

ただ、「ミュニシパリズム」が、これほど注目を集めている背景にあるのは国民国家への不信感である。グローバリゼーションの進展は国民国家の統治に揺らぎをもたらした。ヒト、モノ、カネの自由な移動が、領土と国民によって規定されていた国民国家の支配統治を、その周縁部から不安定にさせたのだ。

その不安定な状況に直面した際に、国民国家はグローバル資本に対抗するのでなく、グローバル資本の代弁者、貢献者としてふるまうことでナショナルな一国家としての枠組みを維持させる道を選んだ。そうした国民国家の動きはグローバル資本に有利な貿易投資ルールの受け入れや外資規制の撤廃、労働規制の緩和、公共サービスの市場化などの新自由主義的な動きとなって現れた。ナショナルとグローバルは結託を深めたのだ。

その割りを食ったのが地域だった。新自由主義的な政策によって格差や貧困が広がり、その手当てをしたいと考えてもグローバル資本と結託した中央政府からは緊縮策を強いられる。

「ミュニシパリズム」はそうしたグローバル資本と中央政府からツケを押しつけられて疲弊する地方自治体の抵抗から生まれた。自国の中央政府が、あるいはEUのような超国家組織のグローバル官僚がルールを振りかざし、地域の自治を脅かしたり、自治体の政策決定能力をぎりぎりと締めつける。自治体は右派、左派の違いを超えて目の前の住民や地域の暮らしを守らなければいけない。代議制や政党政治の限界を直視し、直接民主主義的な方法で住民の生活のための政治を創出したいという切実な要求のなかから「ミュニシパリズム」が構想されたのだ。

現在のEUが強権的で非民主的なことには弁護の余地もない。だからといって、国家主義を掲げて、イギリスのように次々と加盟国がEUを離脱していくような未来に希望を感じることは私はできない。それよりも、EU加盟国とEU市民は、本来の目的である平和のための連帯としてのEUに変わるよう、地域のレベルから要求していくべきなのだ。

▼運動しながら理念をつくる

ところで「ミュニシパリズム」は、比較的なじみのある「地域主権主義」という用語とはどう違うのか。

「ミュニシパリズム」を掲げる自治体や運動に共通する新しい特徴は、地域の政治が国際的に協力したり連帯することを重視する国際主義にある。グローバリゼーションの結節点である都市部で共感とともに広がっている事実は注目に値する。

まだまだ概念が流動的な「ミュニシパリズム」だが、その理解の手助けとなる会議があった。二〇一八年一一月にブリュッセルで開催された「Municipalize Europe!」（欧州をミュニシパリズムで民主化する!）である。

この会議は「バルセロナ・イン・コモン」、EU政策の監視NGO「コーポレート・ヨーロッパ・オブザーバトリー」、そして私が所属するトランスナショナル研究所がEU議会内の政治会派「緑の党・欧州自由同盟」の協力を得てEU議会内で開いたものだ。

バルセロナをはじめ、ナポリ、グルノーブル、アムステルダム、パリ、コペンハーゲン、ルーヴェンなどの副市長、市議らが集まって「ミュニシパリズム」の可能性について議論を交わした。この会議の模様を紹介しながら、「ミュニシパリズム」の理解を深めたい。

▼ナポリ市の不服従

議論の口火を切ったのはナポリ市議のエレオノラ・デ・マヨだった。市議は現ナポリ市長が結党した左派政党「ｄｅｍＡ」（民主主義と自治）に所属している。「ｄｅｍＡ」は「コモンズ」（共同で利用・管理される共有財や資源。水や土地、文化や知識などもふくむ）を政治価値の中心に置き、参加型民主主義を実践する政党として知られる。

マヨ市議は会議での討論で「ミュニシパリズム」について、市場よりも市民だと強調し、公的サービスの重要性を再確認しながら、こう説明した。

「革新的な政策を追求することだけが目的ではない。創造的な市民の政治参加によって市民権を拡大する過程を重視するのが『ミュニシパリズム』だ。そのためにさまざまな方法で直接民主主義的な実験を積極的に行おう」

「環境保全と持続可能なエネルギー利用を推進するなどの具体的な政策が『ミュニシパリズム』を志す自治体には共通している」

こうした「ミュニシパリズム」は「ｄｅｍＡ」市政下のナポリ市ではどう実践されているのか、そのいくつかを紹介しよう。

ひとつは水道サービスの再公営化である。二〇一一年、ベルルスコーニ政権が成立させた公営水道の民営化法（自治体所有の水道会社の株を最低でも四〇％売却することを強制する法律）をイタリアの人々は国民投票で否決し、憲法を改正して水道事業で利益を得ることを禁じた。[3]

それにもかかわらず、多くの自治体が利益追求型の水道サービスを維持したため、失望と怒りが広がっていた。ナポリ市はそんな閉塞的な状況に風穴をあけるかのように、水をコモンズ＝公共財と位置づけ、全国に先駆けて水道サービスの公的所有を確立したのである。

もうひとつは債務の帳消し要求だ。一九八〇年のイルピニア地震被害や二〇〇八年の世界金融危機への対応でふくらんだ巨額の公的債務を返済するため、ナポリ市では公共サービスの縮減が日常の光景となっていた。

この打開策としてマヨ市議らが中心となって打ち出したのが、やはり深刻な債務危機にあるトリノ市などと共同で債務を精査し、前政権が金融資本とゆ着してつくった「不当な債務」についてはその支払いを減免するように中央政府やEU委員会に要求することだった。[4]デマジストリス市政は「不当な債務」とその返済がもたらす緊縮財政に対し、自治体として「不服従」を宣言したのである。

また、財政緊縮政策の一環として中央政府が打ち出した教員採用凍結の方針に対しても、やはりナポリ市は「ミュニシパリズム」の立場から異を唱え、独自の判断で教員の新規採用に踏み切っている。のちにこのナポリ市の不服従は中央政府との裁判となり、最高裁まで争った末に市側の勝訴で終わった。[5]

▼グルノーブル市の知恵

二〇〇一年にいち早く民間経営にピリオドを打ち、水道再公営化のパイオニア的存在となったフランス・グルノーブル市からの報告も、興味深い内容だった。水道に続き、電力事業の再公営化に取り組んでいるというのだ。

再公営化が実現して、地元産の自然エネルギーが供給できるようになれば、温室効果ガスの排出量を削減することもできるし、電気料金の引き下げも可能で、低所得世帯の負担を軽くすることができると意気込む。

また、「ミュニシパリズム」を掲げる自治体として、学校給食の改善にどのような知恵を発揮してきたかについても報告された。

水道サービス同様、学校給食サービスを公的管理下に置くグルノーブル市は地元産の一〇〇％有機食材を使い、給食の質を高めたいと考えた。児童・生徒の健康によいだけでなく、地域農業の振興にもなる。環境にもよい。

ところが、いざ地域農家と食材提供の契約を結ぼうとしたところ、EUから待ったがかかったという。EU加盟国のすべての企業を、公平に入札に参加させる「公共調達指令」というものがある。そこで義務化された公開入札のルールに違反すると指摘されたのだ。

だが、公開入札をすれば、画一的な給食サービスを提供する多国籍企業が競り勝つ。価格競争力のない地元農家では太刀打ちできず、市が望む地元産一〇〇%有機食材の給食は実現できない。実際、多国籍企業ソデクソ（Sodexo）社などが提供する、工業的な加工食品がならぶのが、欧州の給食の典型的な風景だ。

このEUの公開入札ルールに対し、グルノーブル市は「ミュニシパリズム」の自治体ならではの創造的な解決策をひねり出し、「不服従」を貫くことに成功した。

市はEUに対し、地域農家との提携は学校教育の一部、食育のために必要な措置と主張したのだ。食育の一環として、児童・生徒たちが給食の食材がどこからくるのかを学ぶために、農場見学を小学校でカリキュラム化することにした。子どもたちが農場見学を授業時間内にこなすには近隣の農場でなくてはならず、したがって入札に参加できる食材供給者も地域の農家に限るべきと説得し、EU委員会の「待った」を封じ込めてしまったのだ。

自治体はさまざまな工夫で現在の新自由主義、市場至上主義のEUの経済政策をしなやかにかわす。ときには「ミュニシパリズム」の精神で、自治を守るべくEUと直接対決することもあるのだ。地元食材を用いた給食提供という小さくみえる取り組みは、EUという巨大で強力な超国家機関の経済政策やモデルへの挑戦だ。

また、グルノーブル市は一九九〇年代にブラジルの各都市が始めた「市民参加型予算」も積極的に導入した。自治体の予算配分の一部を議員や自治体職員ではなく、その自治体に住む住民が決定するというもので、グルノーブル市ではこの制度によって市民の要求が予算化され、市立図書館の閉鎖が回避されたという。

この市民参加型予算の効用について、アナ・ソフィー・オルモス市議は「市民が地域の優先課題を話し合う重要なツールになっている」と報告している。

いかがだろう。ナポリ市やグルノーブル市の実践から少しは「ミュニシパリズム」の精神、価値、挑戦がイメージできただろうか。

「ミュニシパリズム」とは、新自由主義的な政策を進める中央政府によって人権、公共財、民主主義への圧力が強まるなか、自治体が国家行政の最下位単位とみなされることを拒否し、地域で住民が直接参加して合理的な未来を設計することで市民の自由や社会的権利を公的空間に拡大しようとする運動なのだ。

▼恐れぬ自治体「フィアレス・シティ」

「ミュニシパリズム」にはふたつの特徴がある。ひとつは「政治のフェミナイゼーション（女性化）」である。これはただ女性議員の比率を増やせばそれでよしというものではない。「競争」、「排除」、「対立」など、ともすれば男性的な価値観で行われることの多かった政治を「共生」、「包摂」、「協力」といった女性的価値観で一新し、人間にやさしい政治を実現しようというものだ。

もうひとつの特徴は、世界の諸都市との連携を重視する国際主義だ。国民国家を巻き込みながらグローバルに展開する新自由主義的な動きに対抗するには一自治体の力だけではおぼつかない。そこで新自由主義を脱却し、公益とコモンズを中心に置く自治を実現したいと考える都市と都市が国境を越えて協力し合おうというものだ。この国際主義こそが、「ミュニシパリズム」と偏狭な地域保護主義を峻別（しゅんべつ）する最大の特徴と言ってもよいだろう。

こうした国境を越えて連携する都市の動きはやがて「フィアレス・シティ」（恐れぬ自治体）と呼ばれる世界的な自治体運動へと発展した。

日本ではその動向がほとんど報道されないため、「フィアレス・シティ」ということばを大部分の人が知らないだろうが、ためしにインターネットで「Fearless Cities」と入力して検索してみてほしい。ホームページとともにネットワークに参加する都市名が数多く表記されるはずだ。

その拠点数は二〇二〇年現在、欧州四九、北米一五、南米六、中東と北アフリカ五、南アフリカ、そして香港など、総計七七ヵ所にもなっている。[6]

最初に「フィアレス・シティ」を提唱したのは、バルセロナ市である。抑圧的なEU、国家政府、多国籍企業、マスメディアを恐れず、難民の受け入れを恐れず、地域経済と地域の民主主義を発展させることで制裁を受けることを恐れずと三つの「恐れず」を宣言し、同じ志をもつ世界の自治体に「フィアレス・シティ」の結成を呼びかけたのだ。[7]

具体的な例をあげよう。先に紹介したナポリ市は、国政レベルで極右政党が立法化をリードした「反移民法」に対して、憲法違反の法律には従わないと抵抗した過去がある。まさにこれなどは「恐れぬ自治体」の面目躍如の行動だ。

バルセロナ市の事例もあげておこう。同市は自然エネルギー供給会社を設立し、巨大エネルギー企業が独占する電力市場に一石を投じている。[8]

スペイン政府のエネルギー政策は、大企業よりも自治体に多くの規制を課していて、市は民間エネルギー会社の株を買う形での再公営化を行うことはできない。[9] そこで、市は自らが出資するエネルギー供給企業を新たに設立し、知恵をしぼって市場優位のルールに対抗しようとしているのだ。

もちろん第六章でみた水道問題における水メジャーとの闘いもその一例だ。

▼広がる輪

バルセロナ市からの「自治体どうしで連携しよう」という呼びかけへの反響は大きく、記念すべき第一回「フィアレス・シティ」会議は世界中から七〇〇人以上の参加者を集めてバルセロナ市でひらかれた。二〇一七年のことだ。

「政治のフェミナイゼーション」を標榜（ひょうぼう）する「ミュニシパリズム」らしく、登壇者二〇名のうち一三名は女性であった。[10]

二〇一八年になると、バルセロナ市に共感したニューヨーク、ワルシャワ、バルパライソ（チリ）、ブリュッセルといった都市が「フィアレス・シティ」に名乗りをあげ、それぞれのテーマを掲げておのおの「フィアレス・シティ」会議もひらいた。またのちにはアムステルダムも加わり、民泊プラットフォームの多国籍企業「Airbnb（エアビーアンドビー）」の規制を「恐れず」行った。

短期間にこれだけ「フィアレス・シティ」の輪が広がったのは「バルセロナ・イン・コモン」が英語で発行した一冊のレポートの存在が大きかったかもしれない。二〇一五年の市議選の初挑戦でいきなり市議会最大の勢力となった草の根選挙のノウハウをレポートにして公開し、「あなたの町でも市民型プラットフォームを駆使した地域政党が選挙に勝利できる」と世界に発信した。[11]

これで一挙に「バルセロナ・イン・コモン」の名前が各国に浸透し、その実践に刺激を受けた都市が「フィアレス・シティ」のネットワークに加わってきたのだ。

▼「ミュニシパリズム」をEU議会に

前述の「Municipalize Europe!」会議ではもうひとつ、特筆すべき動きがあった。「ミュニシパリズム」の提唱者である「バルセロナ・イン・コモン」が、EU議会選挙に向けた「ミュニシパリズムの原則」を発表したのだ[12]（具体的な項目は、左上の表を参照）。

これは地域主権の視点を欧州の政治に反映させるためのものだ。

地域主権主義を唱える「ミュニシパリズム」の自治体が国政レベルを飛び越え、さらに

ミュニシパリズムの原則

1	地域政治から欧州へ
2	ロビイストに負けない町に
3	地域民主主義を育てよう
4	住宅問題を政治課題に
5	住宅の借り手と住宅ローンをもつ人々を保護しよう
6	投機的な観光産業に対抗しよう
7	難民を受け入れる町であろう
8	気候危機から目を背けない
9	空気のきれいな健康的な町に
10	水とエネルギーを民主化しよう
11	独占寡占企業は排除
12	搾取的に労働者を使うプラットフォームエコノミーを規制する
13	価値にもとづく公共調達を行う
14	倫理的な銀行を
15	多国籍企業の納税を徹底する
16	分権的で民主的な文化を
17	本物の民主主義を
18	政治を女性化する
19	党派性より目標を優先しよう
20	連携しながらネットワークとして活動しよう

その上位にあるEU議会進出をめざすことに違和感を抱く人もいるかもしれない。

だが、欧州の「フィアレス・シティ」にとっては、EU議会に自分たちの代表を送り込むことは差し迫った課題となっている。

市場参入の自由化や財政規律の順守にこだわるEU委員会が下す指令は新自由主義色が強く、公共サービスの再公営化など、独自の反緊縮策を実行した地方自治体の政策決定を萎縮させてきた。先に紹介した学校給食を一〇〇%地元産の有機食材でまかないたいという企図が、EU指令によって頓挫しかけたグルノーブル市のケースはその一例にすぎない。

「バルセロナ・イン・コモン」を代表して討論したバルセロナ市のジェラルド・ピッサレロ第

一副市長は、「ミュニシパリズムの原則」についてこう説明している。

「私たちは『ミュニシパリズム』を中央政府やカタルーニャ州政府から守らなくてはならない。極右の台頭を防ぎ、基本的な市民ニーズを優先し、グローバル企業の独占に対抗するために、ますますEUというフィールドが重要になってきた。『恐れ』からくる差別主義が増大している今日、市民が住む自治体からオルタナティブを発信し、EU政治に参画するのは自治体の使命であり、必要不可欠な共同プロジェクトとなった」

また、「バルセロナ・イン・コモン」のケイト・シア・ベエアート国際委員会代表もピッサレロ第一副市長の討論を補足する形でこう語った。

「新自由主義と強権が支配するEUを民主的なものに改革すべきなのか、それとも改革は無理と見極めてEU解体へと進むべきなのか？　このふたつの意見をめぐり、左派は長年不毛な分裂と対立を繰り返してきた。しかし、終わりのない『上から目線』の議論を続けるよりも、EUをミュニシパリズムの原則で運営したらどうなるかという議論にシフトすべき時がきた」

つまり水道などの公共サービスの公的コントロールを回復したいという草の根の運動から生まれた新しい民主主義の形である「ミュニシパリズム」をEUにまで広げ、「フィアレス・シティ」のような自治体がEU議会でも発言できるよう足場を築こうというのだ。

EUがおしつけてくる緊縮財政や、地域の自己決定権を奪う国際貿易投資協定（日本・EU経済連携協定など）にノーを突きつけるために、「ミュニシパリズム」はさらに進化しようとしている。

▼公共調達という武器

ところで、現在、「フィアレス・シティ」でもっともホットな話題になっているのが公共調達だ。公共調達とは、政府や自治体が物品やサービスを民間から購入する行為のことで、ちなみにEUの公共調達の総額は二兆ユーロ（約二四〇兆円）を超え、GDPの二割に相当する額だと言われている。

地方自治体レベルでみても、公共調達はそれなりの額になる。「フィアレス・シティ」の自治体では、公共調達を地元の企業や協同組合に受注させることで、もともと市民から徴収した税金である調達費を地域内で循環させ、地域に雇用や収入源を確保できないかという論議が高まっているのだ。

公共調達のパワーを利用して地域の力を強め、地域に根ざした新たな連帯経済、オルタナティブ・エコノミーを創出する戦略と言ってもよい。

ただし、公共調達は公開入札を原則にすることが多く、受注するのは大企業になりがちだ。それがグローバル企業であれば、調達費は、国外に流出してしまい、国富は失われる。それは地域の単位でみても同じことだ。地域の外の企業が受注すれば、地域の富が外に流出していく。

とくに、有力な地場企業がない小さな自治体であればあるほど、否応なしに多国籍企業のグローバルなサプライチェーン（供給網）の末端に組み込まれ、画一的な物品やサービスを購入させられる。その挙げ句、貴重な「地域の富」までも奪われてしまうのである。

先に紹介したグルノーブル市が地元の食材を給食に優先使用した事例は、地元からの公共調達の小さな試みのひとつだ。

バルセロナ市はもっと大きくそれをやろうとしている。市議会はすべての公共調達契約を精査した[13]。そして新しい入札においては、選定の基準に人権の遵守、女性への公正性、租税回避をしていないこと、フードマイル（食べ物の輸送距離）を取り入れた。

企業は入札に金額以外の基準を設けることを「差別的」として容赦なく訴訟を起こしている[14]。競争法を専門とする企業弁護士が企業内部にも周辺にも山のようにいる。多くの訴訟を闘いながら、恐れぬ自治体バルセロナ市は前進する。

▼地域の富を作りあげる

じつはこのような公共調達で地域の富を守る試みをすでに大規模に実践し、成功させている自治体がある。イギリスのランカシャー州にあるプレストン市だ。[15]

人口一二万人のプレストンは、ごく最近まで新自由主義的な政策によって疲弊した、典型的な地方都市だった。同市は厳しい緊縮財政を強いられ、コミュニティ支援担当の職員は半減させられた。公共の図書館やスイミングプールを維持することも困難になった。

平均寿命は、同じ市内でも地区によって六六歳から八二歳までとばらつきが激しく、住む場所によって医療や教育へのアクセスに著しい格差があることは明らかだった。また経済停滞と緊縮財政のしわ寄せは若い世代を直撃し、三人にひとりの子どもは貧困家庭で育っているという状況だった。

そこで、市議会与党の労働党が二〇一一年に採用したのが、「地域の富の確立」（コミュニティ・ウェルス・ビルディング）という考え方だった。経済の民主化を通じて、地域の経済発展と、格差や不平等解決に取り組む方法で、ゴールは包摂的な経済だ。アメリカのシンクタンクが提唱したアイディアをプレストン市の市議が「輸入」したのだ。
ポイントは、やはり公共調達だった。市役所、警察、病院、大学といった市の六つの基幹組織が購買するもの、つまり公共調達を地元の企業や協同組合に受注させ、市内の経済を活性化させたのだ。これらの公共基幹組織の購買力の総額は年間七億五〇〇〇万ポンド（約一〇五〇億円）にのぼるのだ。
二〇一二年にプログラムが始まってからわずか四年のうちに、プレストン市内の企業や協同組合が受注した金額は一億一二三〇万ポンド（約一五七億二〇〇〇万円）となり、スタート時にくらべて約三倍となった。ランカシャー州内の受注先まで含めると、四億八六〇〇万ポンド（約六八〇億円）で、これは購買費のおよそ六五％にもなる。[16]
疲弊した自治体が、じょじょに豊かになっていった。そして二〇一八年、大手会計事務所がイギリスの四二都市を対象にした調査で、プレストンが健全な経済と地域の指標（雇用〈賃金〉、健康、収入、スキル、交通、環境）で「もっとも急速に改善を達成している都市」の一位に選ばれた。[17]
また、住みやすさ、働きやすさのイギリス都市ランキングでは一五位のロンドンを抜いて一四位に躍進。この成功がプレストンモデルとしてイギリス全土に知れ渡り、労働党の経済政策において、小都市プレストンがイギリス全体の地域経済活性化と民主化のモデルとなったのだ。

公共調達というパワーを使って、地域経済の振興、再生エネルギーや有機農業へのシフト、地域の安定雇用の創出、地域密着型の介護や保育、フェアトレード、人権を守り公正な税金を納める企業の積極的な選択など多岐にわたる公共的な利益を実現できる。

また、財政基盤の比較的小さい協同組合を振興したり、新規の立ちあげを支援することもできるだろう。これに公的な金融機関（パブリックバンク）が加わると、さらに地域の協同組合、非営利事業やケアサービス、地元ビジネスにお金が流通するようになる。

こうした公共調達が全面化した自治体を思い描いてみると、公共サービスをグローバル企業によって民営化するということの本質がみえてくる。つきつめれば、そうした民営化とは、コミュニティの富をコミュニティの外に流出させるための手段なのではないか。

そう考えれば、インフラを維持していくお金がないから水道の民営化を、という思考が、いかに本末転倒で、自らを窮乏させていく手段なのかがよくわかる。

▼インソーシングで能力という富を育てる

そして富とはなにかを考えた場合、お金そのものだけが富だと私は思わない。お金と、そしてなにより持続可能な豊かな環境をつくり出す能力が富だろう。

では、地域の富を作る能力を育て、守るために自治体ができることとはなんだろう。それは、自治体が提供するサービスの、アウトソーシング（外部発注）をやめ、インソーシング（内部化）に舵（かじ）を切ることだ。

水道を例にとれば、グローバル企業に水道の経営・運営を任せるようなアウトソーシングをやめ、自治体がその職員とともに、自ら水道を運営するという意味だ。だから、能力という富を育てるという意味でも、問題になるのは民営化であり、取るべき道は公営水道を強化することとなのだ。

じつはその道を阻もうという動きがスペインではあった。二〇一二年に当時の右派政権・PP（国民党）が、成立させた通称「モントロ法」だ。新自由主義政策を進めるクリストバル・モントロ財務大臣の名前を冠したこの法律は、民間企業から公営企業への労働者の移籍を禁じるものだった。[18] これでは、自治体が公共サービスを再公営化したくても、それを担う技術と知識をもった労働者がいなければ、インソーシングは困難になる。

これは、再公営化を阻むために、自治体の急所をついた新自由主義者側の策略だったわけだ。つまり、逆に言えば、インソーシングできるかどうか、公共サービスを担う労働力を自治体が維持できるかどうかは、〈コモン〉を市民で管理し、地域の富を増やしていくための要なのだ。

もちろん、ある小さな自治体が公共サービスのいくつかのアウトソーシングをやめてインソーシングするだけでなにが変わるのか、という批判もわかる。民営化やアウトソーシングが欧州ほど進んでいない日本で言えば、政府が迫る水道民営化をのらりくらりかわすことにどんな意味があるのか、という意見もあるだろう。実際、そこだけを取り出せば、とても小さなことに思える。

しかし、この章でみてきたことを踏まえると、違った絵柄がうかんでくる。つまり、ある自治体が水道だけでなく、ほかの多くの自治体サービス、たとえば図書館や公民館の管理、ゴミ回収処理サービスを少しずつインソーシングしたらどうなるか。公共調達をあらゆる分野で行ったプレストン市が急激に成長したように、インソーシングを行えば、人材や能力という富を確実に蓄積できるのではないか。アウトソーシングをしないように努力すれば、能力の喪失を防ぐことができる。

成功したインソーシングの事例をひもとくと、働く人の姿がうかびあがる。アウトソーシングの最大の特徴は安くて柔軟性の高い（つまり守られていない）労働力である。インソーシングするにあたって、多くの場合、労働者の雇用環境が変わり、自治体か公営企業による雇用となる。とくに清掃やケアサービスの働き手の雇用環境が大きく改善するケースが多く報告されている。インソーシングの主要な目的はプレカリアス（不安定）な労働をやめ、地域に安定的で尊厳のある雇用や仕事を作ることでもあるのだ。

興味深いことに自治体によるインソーシングにより、賃金の上昇で人件費が大幅に増えても、多くの場合全体のサービスコストが低下することが私たちトランスナショナル研究所の調査でわかった[19]。自治体にとって費用と時間のかかる、競争入札がなくなり、高額な企業契約の対価がなくなるためだ。地域目線のバリュー・フォー・マネーの高い政策と言える。

あるいは、「ミュニシパリズム」の精神にのっとって、多くの自治体が協力し合いながら、技術の共有を行い、インソーシングを始めたら、どうなるか。それも、水道という一分野ではなく、さまざまな分野で行えば、小さな点は線となり面となって力になっていく。

有り体に言えば、民営化でかなえられる「効率化」とは、水道事業で働く人々の賃金カット、雇用者数の削減、必要な設備投資の先送りなどの「成果」でしかない。

そうした見せかけの「効率化」に、多くの自治体の連携でストップをかけるべきなのだ。

おりしも二〇一九年七月、イギリス労働党は「自治体サービスを民主化する――二一世紀のインソーシング計画」という政策レポートを発表した。[20] アウトソーシング契約満了になったサービスから順々に、原則的に自治体の管理の下に戻すことを求め、そのための法整備と国の支援体制を整えるという内容だ。

金融主導、利益最大化、株主配当第一の経済から、地域、労働者、コミュニティ中心の経済にシフトするにあたって、自治体サービスが果たす役割は大きく、おそらく最初に着手できる具体的な改革だ。

グローバル資本や投資家優先の経済と決別して、地域の人と資源と環境保全を中心に据えた確固たる公共倫理をもって自治体が主体的に公共サービスを運営し始めたり、改革のために市民や労働者の参画を取り入れたり、公共調達のパワーを使い始めたら、新自由主義陣営にとっては真の脅威となるはずだ。

それゆえ、どんなに小さな再公営化や脱民営化の挑戦も、大きな潮流に抗する戦略的なツールなのだと思う。私有が独占的な現在の私たちの社会や経済で、再公営化は公共を再構築し、民主的に管理する具体的な戦略として成長している。

公共サービスの再公営化は、エリートによる権威主義、新自由主義の政治に対抗するためのものだ。多国籍企業が地域の資源とお金を吸い取ろうとするその流れを変えることのできる、確実な道が再公営化なのだ。その道のゴールには、すべての人が良質な公共サービスを享受でき、地域の人や資源をいかして仕事を作る新しい社会像がみえている。

第八章　日本の地殻変動

▼浜松市と宮城県――市民の反対がなければ

「（上水道の民営化について）市民の理解がまだまだ進んでいない」、「少し全体の空気が変わるまで待つことにした」。そんなセリフとともに、浜松市の鈴木康友市長が上水道サービスの民営化検討作業をいったん中止すると公表したのは二〇一九年一月のことだった。[1]

上水道のコンセッション方式採用の検討は市民の知らないうちに決まっていた。

不安に思った小さな市民グループのメンバーは勉強会を始め、二〇一八年一月から毎週水の曜日（水曜日）には駅前に立ち、署名運動を行った。地道で丁寧な働きかけの結果、八〇万人都市で約三万三〇〇〇筆が集まった。[2] 民営化について「市民の理解が進んでいない」どころか、理解が深まったからこそ、これだけの署名が集まったのだ。

日本初の上水道民営化に意欲をみせる鈴木市長は、この発言の時点で三ヵ月後に市長選を控えており、性急なコンセッション契約導入決定は自身の再選にマイナス材料になると判断したのだろう。

市民の力で、いったん民営化検討作業がとまったことに、私や日本の水の運動の仲間たちは地道な草の根の力を実感した。しかし市民が議論することをマイナス材料とみる市長は民主主義をどのように理解しているのか、聞いてみたいところだ。

とはいえ、四月の市長選で得票数は減らしたものの、市長は四選を果たした。民営化が市政の主要テーマとして再浮上するのは間違いない。

それに浜松市は、下水道についてのコンセッション契約をヴェオリアの日本法人とオリックスを中心とした企業グループとすでに結んでいる。二〇一七年から二〇年の契約だ。次に上水道の民営化を、という布石はすでに打たれている。

そして、改正水道法で可能になった上水道のコンセッション契約が、まもなく日本ではじめて実現してしまうだろう。宮城県で、上下水道事業の運営権を民間に委ねる、コンセッション方式導入に向けた条例改正案が二〇一九年一二月に県議会で成立したのだ。

国のバックアップを受けて、新自由主義を強く信じる首長たちはパイオニアとして水道コンセッションを決めていくだろう。しかし、その一方で民営化の圧力をはね返すべく、多くの自治体が市民とともに明確な対抗を示す道筋もみえ始めている。

▼狙われる日本の市場

ここまでみてきたように、欧州では民営化のデメリットが知れ渡り、水メジャーが新規のコンセッション契約を獲得するのは困難な状況になっている。しかも契約の満期が訪れると、少なからぬ自治体が契約の更新をせず、水道事業を再び公営化する道を選んでいく。

そんな窮地にある水メジャーにとって、日本の水道ほど魅力的なものはない。山河に富んでいるおかげで水質もよく、漏水率も世界トップ水準のわずか五％前後でしかない。

しかも給水人口（住民登録している人口）の集積する都市が多いので、少ない投資でより多くの利潤を見込める。たとえば、人口一四〇〇万人弱の東京都水道局の年間収入は三三八五億円、純利益は三三三億円（二〇一八年度）にも達している。

まさに水メジャーにとって日本の水道は新たなビジネスチャンスに満ちた「黄金の国」なのだ。

水道以外の公共サービスでも、日本ではほとんど民営化されていないのが水メジャーにとっては魅力的にうつる。水メジャーはコングロマリット（複合企業）化しており、水道サービス以外にも交通、ゴミ処理、清掃など、さまざまな公共サービスのアウトソーシングを受注したり、民営化したサービスの経営を手がけているからだ。

民営化ビジネスの市場を七兆円規模にまで拡大させる方針を政府が打ち出していることもあって、水メジャーがこうしたサービスの受注をめざして大挙して日本に進出してくることは確実だ。

▼コンセッション契約へと仕向ける「アメ」と「ムチ」

そのうえ、二〇一八年に改正水道法に先だって成立した改正PFI法には、自治体を水道コンセッション契約へと向かわせる巧妙な「アメ」と「ムチ」が罠(わな)のように仕込まれている。

まずは「アメ」について説明しよう。自治体は水道事業などのインフラを整備するために、地方債を発行して資金を調達する。資金の主な調達先は国の財政投融資資金などだ。

これまでは、自治体が財政投融資資金などから借り入れた元金を繰り上げ償還するには、本来、国が自治体から受けとる金利分に相当する一定額の「補償金」を支払わなくてはならなかった。

しかし、改正PFI法では、自治体がコンセッション契約導入に前向きになるように、水道事業・下水事業に関わる公共施設の運営権を設定した自治体に対し、過去の債務の繰り上げ償還に一定期間補償金なしであてることができるようになった。

つまり運営権を民間企業に売却して得た対価で過去の借金を金利分なしで返済できるよ

うにした。[3]

世界各国で、水道サービスを民営化した自治体が水メジャーに運営権を売却して得た資金を債務返済に回すケースが目につく。日本でも債務がかさみ、財政再建団体指定の瀬戸際にある自治体は少なくない。そのため、コンセッション契約で得た資金で過去の水道施設投資の際の債務を返済し、指定を免れたいと考える自治体にとって、このふたつの「アメ」は水道サービスの民営化へと踏み出す大きな動機となるはずだ。

それでは「ムチ」はどうなのか。改正PFI法により、自治体が詳細な検討をしないままPPP／PFI導入を拒否した場合、政府がその理由の説明を求め、「助言」、「勧告」という形で詰問することが可能になった。[4]

これも地方自治体にとっては大きなプレッシャーになる。内閣府にPPP／PFIを導入しない理由を回答書として提出するだけでも膨大な労力がかかってしまう。自治体の首長は、自民党員もしくは自民党推薦のケースが多い。次回の首長選挙や自民党系議員が多数を占める議会運営のことを考えれば、よほどのことがない限り、首長たちが政府の意向に抗ってまでPPP／PFIの導入を拒絶することはないだろう。

その「よほどのことがない限り」というのは、つまり市民じたいが反対運動を起こさない限りという意味だ。

▼水道料金値上げの仕掛け

そして、水メジャーなど民間業者に対しては、コンセッション契約を結びやすくする施策を行い、いわば「ゲタ」を履かせている。

「ゲタ」のひとつは公共インフラなどの固定資産台帳の整備・公表である。安倍政権は改定PPP／PFIアクションプランに「公的不動産における官民連携の推進」という新しい規定を盛り込んだ。「地方公共団体における公共施設等総合管理計画及び固定資産台帳の整備・公表を引き続き進めることにより、公的不動産の活用への民間事業者の参画を促す環境の整備を進める」という一文だ。

この規定により、水メジャーなどの民間事業者はリサーチ費用をかけることなく、自治体が持つ公共インフラの台帳を閲覧して資産算定ができるようになった。民間事業者にすれば、この台帳はどの自治体にどのような有望な公共サービスがあるのか、さらにはその公共サービスを受注して儲かるのか、儲からないのか、労せずして見極めることができる。

▼値上げの規制が緩和されている！

もうひとつの「ゲタ」は、水道料金の改定規定の緩和である。

本来、公共サービス料金の値上げには、地方公共団体の承認が必要だ（地方自治法第二四四条の二第九項）。この規定があるため、水道の民営化で料金が高騰すると危ぶむ声に対しても、「議会が承認しなければ、料金値上げはできない。心配のしすぎだ」という反論が流布してきた。

しかし、改正水道法にこんな条文がある。

「料金が、能率的な経営の下における適正な原価に照らし、健全な経営を確保することができる公正妥当なものであること」（第一四条第二項の一）

旧水道法になかった「健全な経営を確保することができる」という一文が追加されたが、このわずかな変更点にこそ、民間事業者が自治体の想定を超える料金値上げを要求できる仕掛けが潜んでいるのだ。

「健全な経営の確保」とは自治体が要求するレベルの水供給が円滑に行われるだけでなく、運営権者が適正な利潤を確保して存続できる状態も意味するからだ。

運営権者、すなわち民間水道事業者が健全な経営が確保できないと主張すれば、自治体はその値上げ申請を拒否できるだけの明確な論拠を示さない限り、改正水道法の第一四条第二項の一を根拠に値上げに応じざるを得なくなる。

運営経費や設備の更新費用さえ確保できれば、利益を必要としない公的事業体と違い、民間の運営権者は株主配当や高額な役員報酬などを水道料金に上乗せしていく。民営化によって、水道料金の値上げを事業者が求めてくる可能性は極めて高い。

大幅な水道料金引き上げを許す仕掛けが、改正水道法にはひっそりと埋め込まれた。

▼自治体の能力を削ぐ民営化

そして料金以上に私が危惧するのは、自治体の能力の低下や喪失だ。

長期間、公共サービスを民間企業任せにしているあいだに、自治体が水道事業などの技術を継承する人材育成の現場を失ってしまうことが大きく懸念される。

仮にある民間企業が突然、撤退したとしても、自治体に専門の技術者たちがいなければ、水道事業を再び公営化することは難しい。民営化がうまくいかなかったら公営に戻せばいいと言っている政治家や専門家がいるが、それは水道事業の現場を知らない上から目線の政策議論だ。

　また、水道事業の専門家がいなければ、民間企業が適切な水道経営をしているかどうか、モニタリングもできない。改正水道法では自治体は民間企業に説明責任を求め、モニタリングを通じて契約の履行を検証できることになっているが、それがいかに困難なことであるか、パリ市をはじめすべての水道コンセッション契約に共通する問題点である。

　モニタリングの難しさは民間企業が料金値上げを申請してきた際にも、自治体を困難に陥れる。民間企業が開示する水道事業の経営情報を理解できる人材なしでは、自治体は値上げの可否を判断したくてもできない。

　インフラそのものについても、管路や浄水場などの水道施設が適切に管理、更新されているか判断する人材が不足するだろう。契約期間が終了すれば運営権を失うだけに、民間企業は契約終了後もみすえた長期的な投資には及び腰になる。その場しのぎの投資でお茶を濁していないか、監視が必要なのだが……。

　根本的なことを言えば、水道事業を運営する技術や管理するための知識も〈コモン〉であり、無償で伝承・共有されるべき「知」である。ところが、民間企業はその「知」を囲い込み、商品にしようとする。その商品化に対抗するのが、公営化にほかならない。

今、日本の自治体が取り組むべきは、民営化ではなく水道事業を継続できる能力を次世代に継承することなのだ。

▼災害に対応する能力を自治体が維持するために

第一章で指摘した災害時の対応にも不安が残る。コンセッション契約では事業リスクは運営権者が負担することになっている。しかし、東日本大震災のように想定を超えた大災害では、インフラ復旧に必要な資金、人員、技術を民間企業が確保できないこともありうる。運営権者が「天災は不可抗力」とひらき直れば、なし崩し的に自治体が復旧費用を負担するしかない。

災害の規模や被害を予測してそのリスクを契約書に定めることは困難だし、そもそも一企業が担うことなど不可能である。予測できないリスクを企業が請け負う可能性よりも、リスクだけが自治体に残る可能性のほうがはるかに高い。民間企業を引きつけたい自治体は率先して災害時のリスクを契約から抜き取るだろう。

そのうえ気候変動の影響が大きくなってきている現在、台風や水害のリスクはますます大きくなっている。そんな時代だからこそ、コンセッション方式によって水道の専門家や人材がいなくなった自治体に一番難しい災害時の対応だけが残ることを想定しなくてはいけない。公共サービスを外部に任せて、自治体の能力やパフォーマンス（業務遂行機能）を喪失してからでは手遅れだ。天災の時代に災害に対応する能力を自治体は維持するべきなのだ。

欧州の自治体が、それに気づき、アウトソーシングからインソーシングへの転換をめざしていることは前章で触れたとおりだ。

▼地産地消エネルギーで地域の力を養う

だからこそ、自治体はそれぞれが知恵をしぼって地域の振興戦略を練り、そのなかで公共サービスを位置づけ、充実させるべきなのだ。

それが欧州の自治体の取り組んでいる課題なのだが、日本でも前向きな動きがある。福岡県みやま市、岡山県真庭市、群馬県吾妻郡中之条町など、公的セクターが中心となって地産地消の再生可能エネルギーのインフラを整備し、環境を保全しながら地域コミュニティを活性化させようという自治体が現れている。

電力の購入を大手電力会社から自治体内の公的電力セクターへと切り替えることで新た

な雇用を生み出し、同時に外部へ流出していた膨大なエネルギー費を地域内で循環させて地域経済を浮揚させる。それで公的セクターを通じて新たな利潤や税収があがれば、その収入でさらに市民サービスを充実させ、自治体の魅力を高めようという戦略だ。

その道のりは一見、迂遠(うえん)にみえるが、安易に民営化に飛びつくよりもはるかに自治体のパフォーマンスを向上させ、長期的には地域の力を充実させる。

▼契約解除のために一三億ユーロ

「効率化」や「経費節減」といったことばに踊らされ、流行(はや)りもののように民営化に飛びつくと、いずれは大きなツケが回ってくる。

しかし、そういった懸念を払拭しようと厚生労働省や自民党の政治家たちは必死だ。受託した民間事業者の業務水準が一定の基準を満たさない場合、契約を解除することができると国会での議論でも繰り返し言っている。[5] しかし、そんな単純なものではない。何度でも強調するが、ヒトの生命維持に欠かせない水は、二四時間三六五日、安定して供給することが求められる。やってみてダメだったら、元に戻せばよいというような安易な事業ではない。

そのうえ、契約を中断する難しさは尋常ではない。複雑な契約によって民間企業の権利は手厚く守られており、途中解約などをすれば多額の違約金の支払いを迫られる。

第二章でみたように、パリがコンセッション契約の満期を待って、再公営化したのはそのためだ。

さらに、ここではベルリンの水道事業の事例を紹介しよう。一九九九年に部分的に民営化をしたベルリンでは、民営化前に比べて水道料金が三〇%も値上がりした[6]。しかも、PPP/PFIの導入で市全体の借金も減らせるという当初の触れ込みに反して、債務額は三五〇億ユーロ（約四兆二〇〇〇億円）から六五〇億ユーロ（約七兆八〇〇〇億円）へと拡大してしまった。

運営するRWE、ヴェオリア両社とベルリン市は、いったいどのような契約を結んだのか。たまりかねた市民は契約書の開示を求めたものの、経営の秘密を理由に契約書が公開されることはなかった。情報開示への唯一の道が住民投票で過半数の賛成を得ることだと知った住民は粘り強い運動を繰り広げ、ついに住民投票へとこぎつけた。

契約書が開示されたことによって、市議会議員や市民ははじめて契約内容を精査することができた。

この官民連携モデルはベルリン水道ホールディングPLCを中心に大変複雑な所有形態を取っていた。完全に利益追求型の企業経営にもかかわらず、公営企業が受けられる税制優遇を受けるための施策がこらされた結果である。

ふたつの民間企業は四九・九％の株を所有するにすぎないが新会社の経営を任せられ、民間企業は非公開の契約によって運営コストの変化にかかわらず約九％の高い利益率を保証された。[7] つまり、水道サービス会社は経営リスクゼロで、ベルリン市の水道事業を手に入れたことになる。

事態を重くみた市議会が動き出し、両社の株を買い戻す議案を成立させ、市の水道事業は一〇〇％、ベルリン水道公社の運営へと戻った。だが、その代償はあまりにも大きかった。再公営化に必要な株を買い戻すため、ベルリン市はRWE、ヴェオリア両社に一三億ユーロ（約一五六〇億円）もの代金を支払わなければならなかったのである。

▼契約書の罠

ベルリン市の契約が特殊なのではない。水メジャーの代理人として契約書の作成にあたるのは、巨大コンサルタント会社だ。彼らは企業法務や国際会計基準のプロで、企業の交渉アドバイザー業務も難なくこなす。そんな百戦錬磨の彼らが作成する契約書には企業側が圧倒的に有利になるような条項が巧妙にちりばめられている。

一方、自治体には行政のプロはいても、企業法務のプロはいない。そのため、マンパワーで劣る自治体側が知らないあいだに不利な契約条項を飲まされるケースがままある。

しかも、交渉材料の少ない小さな自治体ほど、こうした不平等な契約を結んでしまいがちだ。そして民営化が失敗だったとわかっても、小さな自治体に巨額の違約金を払うゆとりはない。そのため、違約金が発生しない契約満了まで、泣く泣く再公営化を我慢するほかに選択肢がないのだ。

私たちトランスナショナル研究所で確認できた再公営化事例でも、ベルリン市のように契約期間中に企業との契約を打ち切ったケースは二〇％（一三四件）にすぎない。一方、契約満了まで待って再公営化に踏み切ったケースは六七％（四四五件）にのぼる。このデータは一度民営化した公共サービスを再び自治体の手に取り戻すことがいかに困難かを示している。

民営化がまだ本格的に始まっていない日本の自治体は、ここでなんとしてでも踏みとどまるべきなのだ。

▼持続可能な水道サービスを

とはいえ、ＰＰＰ／ＰＦＩ手法による水道サービスの民営化は日本政府の既定方針だ。それだけに、今後も政府はあの手この手で自治体にコンセッション契約を検討せよと圧力をかけてくるに違いない。

その動きに抗するためにはサービス利用者である私たち市民自身が水道事業を自治体任せにせずに「自分のこと」としてとらえ、どうすればコンセッション契約を導入しなくても地域の水道インフラを維持できるのか、考えなくてはならない。

そして、その方途＝持続可能な水道インフラ構築の青写真を構想し、首長や議会が安易にコンセッション契約導入に傾かないよう、監視と要請をしなくてはいけない時代になってしまった。改正水道法はこのような課題を私たちに与えた。

そのために必要なことはなんなのか。

まず技術的な側面から考えると、最初にすべきことは水道インフラの現状を見直し、地域の人口動態に合わせてダウンサイジングを検討することだ。料金の設定はダムや浄水場、水道管路など、現状の設備を維持することを前提に行われる。しかし、少子高齢化で人口が減れば、こうした水道インフラは過剰となる可能性が高い。給水契約の減少で料金収入が落ちる一方なのに、過剰な水道インフラを維持しようとすれば、それらを維持するために水道料金はあがらざるを得ない。

その悪循環を断つには現状の水道施設が将来にわたって本当に必要なのかを丁寧に検討し、地域の実情に見合った水道インフラを見極めることである。とくに巨額の建設費がかかるダム建設は、長期にわたって自治体、ひいては住民の財政負担になるものなので慎重を期さなくてはならない。

適切な技術の選定も大切だ。水道事業の中心は河川などから摂取した水を飲料可能なまでに浄化することだ。インフラ整備にあたっては高額なろ過システムなどが採用されがちだ。たとえば、短時間に大量の浄水が必要とされる東京のような大都市ならば、コストが高い高規格の膜ろ過システムや急速ろ過システムなどを導入しても料金収入が多いので採算は取れる。

しかし、人口増加が望めない小さな自治体では高規格の膜ろ過システムは料金値上げの圧力となる。こうした地域では微生物の働きをいかした緩速ろ過システムのほうが合っているという。

緩速ろ過とは砂層に自然に生成された厚さ数ミリの微生物膜に、ゆっくりと水を通過させてきれいにする方法である。薬品処理などが必要で運営費用のかさむ急速ろ過システムと比べ、ろ過速度が遅く、大量の水供給には向かない、浄水場に広い設置面積が必要などのデメリット面もある。しかし、さまざまな要素を長期的に比較して、地理的条件によってはトータルコストを急速ろ過の二分の一に抑えられる場合もある。[8]

現行の水道インフラはメインとなる巨大水系の上流に巨大ダムを造って貯水し、急速ろ過などの設備を整えた大型の浄水場から、下流の都市圏や流域沿いの自治体に大量の水を一気に供給する大規模集中型が中心だ。

だが、流域沿いの自治体では自然環境に恵まれ、良質な水が確保できる独自の水系や湧水地をもつ場合も少なくない。こうしたケースでは広域化した大規模集中型の水道インフラに接続するよりも、緩速ろ過を採用した小規模分散型の水道インフラを構想したほうが維持管理しやすく、水道料金も抑えられるであろう。

持続可能かつ小規模分散型の水道インフラを自治体が構想すれば、いくら政府がコンセッション契約の検討を迫ってきても自信をもって民営化を拒否し、公共のコントロールのもとでサービスを提供できる。

その際に重要なポイントがある。それは人口動態の変化や地域の実情に見合った独自の水道インフラとはどんなものなのか、自治体、市民、そして水道サービスに携わる現場の技術者や労働者が三位一体で議論を深めることだ。

▼技術者・労働者たちとの連帯

本書では詳しく立ち入らなかったが、水道の民営化圧力をはねのけた国々がある。イタリア、ウルグアイ、ナイジェリア、南アフリカなどだが[9]、これらの国々ではすべて、公共サービスに従事する技術者・労働者と市民が連帯して運動を成功させた。

これが、いわば、公共サービスの市場化に待ったをかける黄金の成功パターンだ。

「公務員天国」ということばに象徴されるように、日本では公的セクターで働く労働者はろくに仕事もしないのに、手厚い待遇を受けているというイメージが根強い。

しかし、私が知る限り、水道の現場で働く技術者や労働者は、日々安全な水を市民に届けるためにたゆまざる献身的な仕事をしている。当たり前のこととして感謝されることもなく、みえざる縁の下の力持ちとして水道システムを維持し、守っている。

忘れてはならないのは、日本の公営水道の技術力は世界一を誇っているということだ。

そして災害となれば自分や家族をかえりみずに一刻も早い復旧のために危険な前線で体をはる人々である。公共サービスが市民生活に直結し、社会の基盤を根底から支える仕事であることを深く自覚し、熱意と誇りをもって働いている。

川の水は気象条件によっては濁度を高め、カフェオレのように白濁することもある。水道局の職員によれば、その白く濁った水を飲料レベルまでに浄化する方法は地域によって千差万別だという。地域の水の特性を知り尽くしていないと、安全な水は供給できないのだ。

しかも市民生活への目配りも必要だ。たとえばサッカーW杯日本代表戦のハーフタイムなどになると、水消費量がぐんとはねあがる。ハーフタイムのあいだに家の洗い物をしたり、トイレで用をすませる人が多いためだ。

水道局の職員はそうした人々の暮らしぶりまでも予測し、ジャストタイムで水を供給しないといけない。日本には一三五〇前後の水道事業体があるが、そこで働く人たちは二四時間三六五日、そうした緻密な業務を人知れずこなしている。

公共サービスの市場化を進める政府に抗うには、こうした水道の現場で働く人たちから学び、協働することが欠かせない。地域の水を知り尽くし、公共サービスの重要性を熟知する水道労働者との連携なしには持続可能な水道サービスなど構想できず、コンセッション契約の導入を拒否する根拠を政府に示せないからだ。

▼〈コモン〉として水を市民で管理する

私は公共サービスの民営化に反対の立場だが、だからといって公営でさえあれば、なんでもよいとは考えていない。なぜなら、運営が硬直し、非効率的なサービスしか提供できない公的セクターも世界中でいやというほどみてきたからだ。

自国の国民に衛生的な水を届けるという最重要な課題を優先しない国も残念ながらたくさんある。こうした公的セクターでは改善が急務だし、多くの場合は政治的な意志を伴った大胆な改革を断行しなければならない。

一方、処方せんが民営化しかないと結論づけることは早急すぎる。必要なのは非効率で硬直化した公営サービスでもなく、利潤を貪る民営サービスでもない。

それでは、未来にあるべき公共サービスとは、どんなものだろうか。

まず、国連が「水は人権」と規定したように、水へのアクセスが万人に保証されるべき人権であるということを出発点にしなくてはならない。

そして水をいかに管理するのかは、できるだけ市民にひらかれた形で民主的に決めるべきだ。それが、〈コモン〉としての公共サービスである。それが現実離れした楽観論でないのは、ここまでみてきたとおりだ。

再公営化は新しい公共サービスを創出するための第一歩にすぎない。再公営化とは単に公共サービスの主体を民間から公的セクターに代えてしまえば、それで一丁上がりというようなものではない。その本質は新自由主義的な企図に抵抗し、公開討論や民主的な選挙を通じて自治体に働きかけ、公共サービスのコントロール権を住民自らの手に取り戻すことである。

そうであるなら、再公営化は自治体や公的セクター任せにするのではなく、そのプロセスに必ず住民が参画しなければならない。

持続可能な地域の公共インフラをどう構築するのか？　水貧困やエネルギー貧困をどう根絶するのか？　その負担を誰がどのように分担するのか？　子どもや孫たちが享受できる水道を将来にわたってどう守っていくか？　そのために住民自身ができることはなんなのか？

私たち自身が行政の担当者や水道局の職員たちと膝を突き合わせて議論し、学習し、地域に合った解決策を構想する一端を担わなくてはならない。

日本では「公共」ということばは、「官」と置き換えられたり、「お上」、「お役所」、「官僚」という意味に解されたりしがちだ。

しかし、私は「公」よりも「共」に重点があると考えたい。〈コモン〉＝「共」を民主的に管理することが要だからだ。

ただし、「共」としての新しい公共サービスづくりに、個人が参画するのは口で言うほど生やさしいことではない。ばらばらの個人のままではいざ参画しようにもその方法がわからなかったり、気後れしたりとさまざまな限界が出てくるものだ。

そこで参画の受け皿役となる運動体や組織体がどうしても必要になってくる。

こうした運動体や組織体はばらばらの個人をつなぎ、エンパワーメントすることで市民としての直接政治参加を促し、自治体や公的セクターに「共」としての公共サービスのあり方を提案する。パリ市の「オー・ド・パリ」の「パリ水オブザバトリー」はその典型だ。

また、これらの運動体や組織体は地域の問題を解決するため、市民参加型予算（自治体の予算配分を自治体職員でなく、住民が一部決定する制度）を駆使したり、ときには候補を擁立して選挙に臨み、緊縮財政を進める首長や議会に挑むこともある。イギリスの「モメンタム」、スペインの「バルセロナ・イン・コモン」、そして世界に広がる「ミュニシパリズム」の自治体もその実践者である。

▼万人が必要とする水だからこそ

それゆえ、本書では、公共サービスを市民のコントロール下に取り戻す運動こそが新しい民主主義の始まりだと指摘してきた。

欧州では、民営化によって解体された公共空間や地方自治を回復するべく、住民が公共のあり方を問い直し、自治に関与していった。苦しみ、ときには楽しみながら、試行錯誤のうえ、市民は独自で調査し、地元で議論し、ときには住民投票を組織し、メディアや議員に訴え、オルタナティブな運動を作っていったのだ。当然ながら、それは、選挙が終われば、行政にお任せ、といった姿勢ではなかった。

問題は日本でもこうした新しい運動や政治が結実するかどうか、である。

「ミュニシパリズム」の自治体や「フィアレス・シティ」の都市が勃興する欧州と比べれば、たしかに日本の地方政治は沈滞しているようにもみえる。地方政界は中央政界の下位に位置づけられ、独自の条例や財源で地域を振興させようという気概がみえないまま、中央からの交付金に頼りきりの自治体も多い。住民自治も低調で二〇一九年四月の統一地方選の投票率は五〇％にも届かなかった自治体がほとんどだ。議員のなり手も減少の一途で、地方議会の選挙では無投票当選が相次いでいる。

このような地方政治の風土から、はたして日本版「バルセロナ・イン・コモン」や「モメンタム」が生まれてくるものなのか、疑問に感じる人は多いはずだ。

しかし、これから本格的に公共サービスの市場化が始まれば、日本の大多数の人々の暮らしは大ピンチを迎えることになる。とくに水道の民営化は水へのアクセス権が命と人権に関わるものだけに、その影響は深刻だ。

しかし、ピンチが大きいほど、人々は水道民営化の是非を「他人ごと」ではなく「自分ごと」として真剣に考えざるを得ない。そのため、民営化が現実になれば、ピンチを打開しようと考える人々が集まり、議論し、ネットワークを作り、自覚的に対抗の動きを生んでいくしかない。

社会が「分断」されていると言われてひさしく、左派・右派の分断もあれば、経済格差も大きくなっている。そのうえ、日本の市民は政治に対して関心が低く、市民運動が育たないとも言われてきた。

しかし、水こそ、万人が共通して必要としているものだ。だからこそ、動かないと言われてきた日本でも、水を通じた闘いによって、新しい民主主義が始まる可能性が十分あるのだ。

▼日本の地殻変動

実際、その予兆はすでに現れている。私はこれまで日本に帰国すると、市民団体や労働組合の求めに応じて世界の水道問題について講演することが多かった。ただ、蛇口をひねれば清浄な水が出るのが当たり前の日本では水道問題はマイナーな話題で、講演に集まってくる人々は水道局の技術者や職員など、水道の専門家がほとんどだった。

ところが、二〇一八年暮れの改正水道法の成立と前後して、講演会の客席の顔ぶれが大きく変わった。水道の専門家にまじってサラリーマン、地方議員、学生、退職者など、たくさんの人々が参加するようになった。明らかに水道の民営化を「自分ごと」としてとらえる人々が増えているのだ。

水道から離れたところでも、自治体の動きに希望をみいだせる。種子法廃止をめぐる自治体の抵抗だ。

政府は、種子開発の民間参入を阻害していると主張するアグリビジネス（農業関連産業）の圧力に屈し、種子法を廃止した。二〇一八年四月のことだった。すると、このままでは種子の供給を外資系企業に依存することになりかねないと危機感を強めた山形、埼玉、新潟、富山など一〇県が独自条例を定め、米、麦、大豆の種子保護へと乗り出した。

その中央政府を恐れない動きは「フィアレス・シティ」をほうふつとさせる。日本にも「ミュニシパリズム」や自治体的不服従の精神をみることができるのだ。

▼日本で私たちができること

水道が民間資本に開放されることが可能になった日本で、また強権的な超長期政権が民主主義をないがしろにし、国民に嘘をつき続ける日本で、具体的に私たちはなにができるだろうか。

まずは、自分の地域の水道がどうなっているのか、自治体のゴミ処理サービスが、保育や介護が、あるいは図書館の運営がどうなっているのかみてみよう。

こうした公共サービスや資産を、売り飛ばすのではなく、公と地域の力で守っていこうとしている地方議員がきっといる。駅前や街頭で演説をしている議員がいたら、声をかけて、どういう考えをもっているのか、気楽に聞いてみてもいい。

そういう議員を応援しよう。いっしょに勉強会を開催して、議論を深めていくこともできる。水道問題をめぐる映画の上映会を開いたっていい。[10] 水道事業の現場で働く人の話も聞こう。

スタートの時点での人数は問題ではない。すぐになにかを始めてみることだ。イギリスの「We Own It」が、わずか三名で運動を始めた段階で、まさかイギリスの鉄道が(一部とはいえ)再国有化されるとは、誰も思っていなかったはずだ。

この本で紹介した欧州の事例をあなたの町の状況にあわせて、応用すれば、いろんなアイディアが生まれてくるだろう。たとえば、バルセロナでは広場で、地域のことを議論するという伝統があり、それがおおいに活用されていることを紹介したが、広場がなくても、あなたの町にも商店街があるだろう。

この章の冒頭で触れた浜松市は、不安に思った少数の市民が自分たちで勉強会を重ねるところから始まったが、商店街の店主らの協力を得て上水道の民営化をやめてほしいと署名運動を展開したあたりから運動は加速した。

二〇一八年はじめに市民の手による「浜松水道ネット」が活動を開始した時には、水道の民営化やコンセッションについて知っているのはおそらく行政、一部の政治家と関連ビジネスの専門家だけだったであろうが、二〇一九年のデモには二〇〇人、集会に六〇〇人が参加した[11]。

そうした集会には、町の外の力を借りるのもいい。全国から水道民営化を懸念する人々が応援に駆け付けてくれるだろう。

そして行政や政党に対しては、浜松の人々は六回にわたって公開質問状を出していった。似た手段として、陳情や請願という手段がある。これは自治体ごとに扱い方が異なるので詳しくは確認をしてもらわなくてはいけないが、議員一名を紹介者にして議会に提出するものだ。

こうした活動を「ニュース」として地元のメディアに持ち込むことも効果があるし、SNSで公開することも大切だ。

それから水道以外の問題と取り組んでいる人々とも連帯しよう。地域でエネルギーや食料の自給率を高め、地域内で循環させる取り組みを行っている人々は日本各地にたくさんいる。

たとえば、学校給食の食材がどこから来ているのか、市議会や市長はどのような考えなのか知ることも有効だ。給食という小さな入口から、地域の経済、環境、農業、仕事、子どもの健康、教育とじつに多様な政策につながっている。

公共サービス市場化への対抗は民営化反対に特化した一過性の運動だけでは完結しない。その対抗が地域から公共のあり方を問い直し、「共」＝〈コモン〉としての公共サービス実現をめざすものである以上、地域主権に立脚し、地域の人や労働者、経済、環境を搾取的なグローバル資本主義から守って自治を発展させるという意志を明確にした地方自治が必要である。

とりもなおさず、それを実現する力は住民にあり、市民参画型の政治運動が欠かせない。自分の運命や地域の未来は住民自身で決めたいと願う人々が、水道の再公営化のムーブメントを通じて、死にかけているとも言われる民主主義に確実に生命力を吹き込んでいるのだ。

ネットワークを築いて連携し、結集し、路上で行動を起こしたことが、反新自由主義や反緊縮を掲げる新しい政治の動きとして結実している。それを新しい希望と呼んでもよいだろう。

改正水道法が施行された今、闘いの舞台は国政から地方自治体に移った。国が法律を作り、民営化の圧力をかけ続けても、決めるのはそれぞれの自治体なのだ。民営化か公共の再生か、水道という具体的な生活課題が大きな問いを投げかける。

命の水を私たち自身がどう扱うのか。水から日本の民主主義が動き出すかどうかは、私たちの世代の行動にかかっている。

おわりに——草の根から世界は変わる

本書の初版の帯には「民営化すれば料金高騰。水貧困急増」という編集部のつくってくれたフレーズがある。料金高騰の文字が気になって、手に取ってくださった方もいるだろう。

水道料金は生活に直結する切実な問題だ。水貧困の蔓延を日本でみたくはない。ただ、本書を読み終えてくださった今、水道料金の高騰が問題の中心ではないことに気づいてくださっていれば、というのが私の願いだ。

問題の核心は、国民の財産を投資家に売り飛ばし、人々の公共財〈コモン〉であるはずの「命の水」を儲けの対象として許してしまうシステムにある。

料金の高騰は、そのシステムが駆動したときに起きる「結果」のひとつだ。そして、今の日本の課題は、動き始めたそのシステムとどう闘うのか、なのだ。

幸い、まだ日本のほとんどの自治体では、水道事業の民営化が選択されたわけではない。

最後の段階とはいえ、チャンスはまだある。

この危機を乗り越えるためには、民営化した欧州の水道事業でなにが起きたのかを日本の多くの人に知ってもらう必要がある。

欧州の市民が困難な道を歩みながら、どのように水道事業を再び公営化させてきたのか、そのやり方から学んで、日本の「水道民営化反対運動」の手法を私たち自身で育てていくことも重要だ。そのための第一歩として、本書はある。

＊

本書の執筆中も、パリのアン（ル・ストラ元副市長）、ロンドンのデヴィッド（ホール氏）、「バルセロナ・イン・コモンズ」の仲間たちに、新しい情報から古い統計データの確認まで大きな助けをいただいた。そして、彼らはずっと日本の水道は大丈夫かと気にかけてくれていた。欧州でも日本でも、国家権力が資本と根源的に親和性が高いのは同じだからだ。

国家は資本に近づいていく。放っておけば、国家が奉仕する対象は、エリート、富裕層、株主、大企業、国際金融資本だけとなり、九九％の私たちは排除されていく。

だからこそ、水のような〈コモン〉の管理を人々の手に取り戻すことこそが、形骸化しつつある民主主義を再起動させる鍵なのだ。民営化は民主主義が欠落しているほうがやりやすく、再公営化は逆に民主主義の強化を必要とする。

＊

私は小さな草の根の変化の積み重ねなしに、国や国際レベルの大きな変化を望む近道はないと思っている。地域から民主主義の練習と実践の運動を重ね、地域を越えて連帯することで力をつけていきたい。再公営化、ミュニシパリズム、フィアレス・シティ運動は、これからも成長していくだろう。

そうした民主主義を、地方自治体から発展させようとするミュニシパリズムが、日本でも広がっていってほしいと私が言うと、日本では難しいのではないか、という反応が返ってくることがある。難しいかもしれないけれど不可能ではないはずだ。その胎動は始まっている。むしろ、水という日本人全員が共通してかかわる問題だからこそ、日本の民主主義が目を覚ますチャンスなのだ。

現に、上水道のコンセッション計画を凍結させた浜松市の人々が現れた。
浜松の運動をみて、私は学生時代に感銘を受けたマーガレット・ミード（文化人類学者）の名言を思い出さずにはいられなかった。

Never doubt that a small group of thoughtful, committed citizens can change the world; indeed, it's the only thing that ever has.

（疑う余地はないのですよ、思慮深く、献身的な少数の市民たちが世界を変えうることを。まさにそれが今まで起こってきたことなのですから。）

註

第一章

1 「【水道民営化】麻生太郎副総理兼財務相が言及　２０１３年４月19日　Ｇ20財務相・中央銀行総裁会議　ＣＳＩＳ戦略国際問題研究所」YouTube（https://www.youtube.com/watch?v=Qo9mq9PVae0）。

2 詳述すれば、麻生発言の誤りは「言い間違い」のレベルにはとどまらない。「自治省」と発言する直前に「内務省」と言いかけて「自治省」と訂正しているからだ。二〇一三年の段階ではすでに「自治省」は「総務省」に統合・再編されている。その「総務省」は確かに、地方自治体の水道事業を管轄しているが、経営にあたっているのは市町村である。何重もの事実誤認のある発言なのだ。

3 David A. McDonald, Erik Swyngedouw, 'The New Water Wars: Struggles for Remunicipalisation,' Water Alternatives 12(2): 322-333, 2019. p.324.(http://www.water-alternatives.org/index.php/alldoc/articles/vol12/v12issue3/528-a12-2-11/file)

4 Manfred Nowak, *Human Rights or Global Capitalism: The Limits of Privatization*, University

of Pennsylvania Press, 2016. p.102.

5 「水道民営化、推進部署に利害関係者？　出向職員巡り議論」朝日新聞デジタル、二〇一八年一一月二九日（https://www.asahi.com/articles/ASLCY6F37LCYULBJ018.html）。

6 「福島みずほ『ヴェオリア社の担当者が入っている、コンセッションの部分は削除すべき』11／29 参院・厚労委」YouTube（https://www.youtube.com/watch?v=UzCiuzJsnlI）。

7 水道専門電子ジャーナル「GJ Journal」（2016 Vol.7）で、「官民連携により自治体の下水道事業運営をサポートするべく、処理場、管路等の施設運転管理を中心とした提案、業務支援を担当しています」と自己紹介するなど、ＰＦＩの専門家を自任している。

8 「水道法改正のウラで安倍官邸が不可解な補助金新設　竹中平蔵と疑惑の補佐官が〝暗躍〟？」AERAdot.（アエラドット）、二〇一八年一二月三一日（https://dot.asahi.com/dot/2018123100005.html）。

福島みずほ議員が二〇一八年一二月四日、参議院厚生労働委員会で行った質問によると、福田氏が二〇一六年から二〇一八年に三回にわたるヨーロッパ視察で両社を訪問していることは報告書に書かれている（http://mizuhoto.org/1683）。

9 岸本聡子ほか著『安易な民営化のつけはどこに―先進国に広がる再公営化の動き』イマジン出版、二〇一八年、三二〜三三頁。

10 岸本聡子、オリビエ・プティジャン編『再公営化という選択―世界の民営化の失敗から学ぶ』

山本太郎、トランスナショナル研究所、二〇一九年、一四頁（https://www.tni.org/files/publication-downloads/rps_japanese_webyong_0802.pdf）。

11 同前、一二頁。

12 Satoko Kishimoto, Lavinia Steinfort and Olivier Petitjean, *The Future is Public: Towards Democratic Ownership of Public Services*, Transnational Institute, December 2019. p.4. (https://futureispublic.org/wp-content/uploads/2019/11/TNI_the-future-is-public_online.pdf)

13 ドキュメンタリー映画『最後の一滴まで―ヨーロッパの隠された水戦争』監督：ヨルゴス・アヴゲロプロス、日本語版制作：特定非営利活動法人 アジア太平洋資料センター（PARC）、二〇一八年（http://www.parc-jp.org/video/sakuhin/siryou/uptothelastdrop.pdf）。

14 二〇一〇年七月二八日の国連総会決議「水と衛生へのアクセスは人権である（The human right to water and sanitation）」。

15 マルクス・ガブリエルほか著、斎藤幸平編『資本主義の終わりか、人間の終焉か？ 未来への大分岐』集英社新書、二〇一九年、第一部第三章。

第二章

1 France Eau publique, 'Manifeste pour une eau durable, La gestion publique, un choix d'avenir

pour les territoires,' March 2019. p8.

Part de la population desservie en gestion publique (Regie/SPL), Numbre de Services en 2016. Source: FNCCR

2 栗田啓子「招待論文　19世紀パリの上・下水道整備と土木エンジニア」『土木学会論文集』第五〇六号、一九九五年、一～三頁（http://library.jsce.or.jp/jsce/open/00037/506/506-121728.pdf）。

3 鎌田司「パリ市水道事業の再公営化」『都市とガバナンス』第二九号、六二頁（http://www.toshi.or.jp/app-def/wp/wp-content/uploads/2018/05/reportg29_2_6.pdf）。

4 Martin Pigeon, David A. McDonald, Olivier Hoedeman and Satoko Kishimoto, *Remunicipalisation: Putting Water Back into Public Hand*, Transnational Institute, 2012. p.27. (https://www.tni.org/files/download/remunicipalisation_book_final_for_web_0.pdf)

5 同前、p.28-29.

6 Satoko Kishimoto, Emanuele Lobina and Olivier Petitjean, *Our Public Water Future: The global experience with remunicipalisation*, Transnational Institute, 2015. p.10. (https://www.tni.org/files/download/ourpublicwaterfuture-1.pdf)

先進国の一八四件の水道再公営化を対象に、二〇〇五～二〇〇九年は五五件であったのに対し、二〇一〇～二〇一五年は一〇四件。パリ市の再公営化後、再公営化件数は二倍になった。

7 数値は二〇一九年の再調査のもの。Satoko Kishimoto, Lavinia Steinfort and Olivier Petitjean,

The Future is Public: Democratic Ownership of Public Services, Transnational Institute, December. 2019. p.7.（https://www.tni.org/files/publication-downloads/tni_the-future-is-public_online.pdf）

8　前掲 *Remunicipalisation: Putting Water Back into Public Hands*, p.34.

9　同前、p.34.

およびニ〇一八年二月に東京・永田町で開催されたシンポジウム「みらいの水と公共サービス」でのアン・ル・ストラ　パリ市元副市長の講演より。

10　前掲「パリ市水道事業の再公営化」、六五頁。パフォーマンス契約をはじめパリ市の水道事情については鎌田司氏の研究から学ぶことが多かった。

11　前掲「パリ市水道事業の再公営化」、六六頁。

12　前掲「パリ市水道事業の再公営化」、七一頁。

13　Celia Blauel, Benjamin Gestin and Eric Pfliegersdoerfer, 'Paris celebrates decade of public water success', *The Future is Public: Working Paper 2*, Transnational Institute, December 2019. p.2.（https://futureispublic.org/wp-content/uploads/2019/12/TNI_working-paper_2_online.pdf）

14　前掲「パリ市水道事業の再公営化」、七一頁。

15　前掲　'Paris celebrates decade of public water success', *The Future is Public: Working Paper 2*, p.2.

第三章

1　Satoko Kishimoto, Lavinia Steinfort, and Olivier Petitjean, *The Future is Public: Democratic Ownership of Public Services*, Transnational Institute, December 2019. p.7. (https://www.tni.org/files/publication-downloads/tni_the-future-is-public_online.pdf)
(Re) municipalisation across sectors（二〇一九年調査の再公営化データベース。https://futureispublic.org/remunicipalisation-across-sectors/）

2　'Leaked EU memorandum reveals renewed attempt at imposing water privatisation on Greece', Transnational Institute, August 2015. (https://www.tni.org/en/article/leaked-eu-memorandum-reveals-renewed-attempt-at-imposing-water-privatisation-on-greece)

3　各国の協会名は以下のとおり。France Eau Publique（フランス）、Allianz der öffentlichen Wasserwirtschaft e.V.（AöW、ドイツ）、Asociación Española de Operadores Públicos de Abastecimiento y Saneamiento（AEOPAS、スペイン）。

4　Emanuele Lobina, Vera Weghmann, and Marwa Marwa, 'Water Justice Will Not Be Televised: Moral Advocacy and the Struggle for Transformative Remunicipalisation in Jakarta,' Water Alternatives 12(2): 725-748, 2019. p.731. (http://www.water-alternatives.org/

index.php/alldoc/articles/vol12/v12issue3/534-a12-2-17/file)

5　内部収益率一一%をコンセッション企業に保証する金額に基づいて水料金（Water charge）の増加率は決まった。

Ching Leong, 'Persistently Biased: The Devil Shift in Water Privatization in Jakarta', Review of Policy Research, Volume32, Issue5, September 2015, p600-621.(https://onlinelibrary.wiley.com/doi/epdf/10.1111/ropr.12138)

6　Irfan Zamzami, Nila Ardhianie, 'An end to the struggle? Jakarta residents reclaim their water system', *Our Public Water Future*, 2015. p.41.(https://www.tni.org/files/download/ourpublicwaterfuture-04_chapter_two.pdf)

7　Olivier Petitjean, 'Nice: building a public water company after 150 years of private management', *Our Public Water Future* (https://www.tni.org/files/article-downloads/chap6_nice_revised.english.pdf)

岸本聡子「１５０年の民営化を解消し、公営水道の再構築するニース（フランス）」(https://note.com/satokokishimoto/n/na69e344f7065)。

8　Olivier Petitjean, 'Remunicipalisation in France: From addressing corporate abuse to reinventing democratic, sustainable local public services', *Reclaiming Public Services*, Transnational Institute, 2017. p.27.(https://www.tni.org/files/publication-downloads/chapter_1_

reclaiming_public_services.pdf)

著者によると「しかしながら小さな市町村の公営事業が広域化の過程で民間サービスの広域事業体に吸収、合併された件は存在する」。

9 France Eau publique, 'Manifeste pour une eau durable, La gestion publique, un choix d'avenir pour les territoires,' March 2019. p8.

Part de la population desservie en gestion publique (Regie/SPL), Numbre de Services en 2016. Source: FNCCR

10 Aqua Publica Europea（APE）（加盟事業体リスト。https://www.aquapublica.eu/members）

11 'Take a virtual tour of the EU lobby world'(https://corporateeurope.org/en/power-lobbies/2018/04/take-virtual-tour-eu-lobby-world)

第四章

1 'Taxpayers to foot £200bn bill for PFI contracts — audit office,' The Guardian, January 18, 2018.(https://www.theguardian.com/politics/2018/jan/18/taxpayers-to-foot-200bn-bill-for-pfi-contracts-audit-office)

2 'Carillion taxpayer bill likely to top £150m,' The Guardian, September 26, 2018.(https://www.the

guardian.com/business/2018/sep/25/carillion-collapse-likely-cost-taxpayers-more-than-150m-unite)

3 榊原秀訓「イギリスにおけるＰＦＩの『終焉』と現在の行政民間化の論点」『南山法学』第四二巻三・四号、二〇一九年、一六二頁
(http://doi.org/10.15119/00002767)

4 'Private Finance Initiative (PFI) and Private Finance 2 (PF2): Budget 2018 brief', HM Treasury, October 2018. (https://www.gov.uk/government/publications/private-finance-initiative-pfi-and-private-finance-2-pf2-budget-2018-brief?fbclid=IwAR1aE67gYPDLb_B6sPgigeUn9RuDBv75QxuJr71FwrgSUDmuH9w0W14yPLM)

5 'Hammond abolishes PFI contracts for new infrastructure projects', The Guardian, October 29, 2018. (https://www.theguardian.com/uk-news/2018/oct/29/hammond-abolishes-pfi-contracts-for-new-infrastructure-projects)

'Philip Hammond claims he's brought an end to PFI. If only that were the truth', Independent, October 30, 2018. (https://www.independent.co.uk/voices/budget-2018-latest-philip-hammond-axe-pfi-private-finance-initiative-treasury-public-debt-a8608611.html)

6 'Water privatisation looks little more than an organised rip-off', Financial Times, September 11, 2017. (https://www.ft.com/content/2beee56a-9616-11e7-b83c-9588e51488a0)

7 'Nationalising water, energy and Royal Mail would pay for itself within seven years, research

says', Independent, November 14, 2019.(https://www.independent.co.uk/news/uk/politics/nationalise-royal-mail-energy-water-savings-bills-national-grid-a9203636.html)

8 'Ownership'（テムズ・ウォーター社のウェブサイト https://corporate.thameswater.co.uk/About-us/Our-investors/Our-corporate-governance/Ownership-structure）

9 岸本聡子「イギリス国民の83%が『水道の再公有化』に賛成の衝撃」(https://gendai.ismedia.jp/articles/-/63729)。

10 'Thames Water to shut Cayman Islands subsidiaries under new chairman', The Guardian, November 23, 2017.(https://www.theguardian.com/business/2017/nov/23/thames-water-cayman-island-subsidiaries-chairman)

11 'Investors benefit from water groups' borrowing at expense of customers', Financial Times, October 12, 2018.(https://www.ft.com/content/b60e062e-9712-11e8-b67b-b8205561c3fe)

12 'Thames Water needs to clean up its act after yet more fines', The Guardian, June 15, 2017.(https://www.theguardian.com/business/nils-pratley-on-finance/2017/jun/14/thames-water-needs-a-drain-financial-penalties-ofwat)

13 'Thames Water — a private equity plaything that takes us for fools', The Guardian, November 11, 2012.(https://www.theguardian.com/commentisfree/2012/nov/11/will-hutton-thames-water-private-equity-plaything)

14 'UK's largest utility fined for failing to reduce water leakages', Smart Energy International, June 14, 2018.(https://www.smart-energy.com/news/thames-water-leakages/)

15 Simon Porcher, Stéphane Saussier, *Facing the Challenges of Water Governance*, Palgrave Macmillan, 2018. p.170.

16 'The water industry is burying a leaking pipes scandal', The Guardian, May 8, 2012.(https://www.theguardian.com/commentisfree/2012/may/08/water-industry-pipes-scandal)

17 ＵＮＤＰ（国連開発計画）は水道料金が家計の三％を超えると「支払い困難」だとしていて、この数値は米環境保護庁によると二〜二・五％となっている。*Human Development Report 2006: Beyond scarcity — Power, poverty and the global water crisis*, UNDP, 2006, p11, 66, 97.(http://hdr.undp.org/sites/default/files/reports/267/hdr06-complete.pdf)

18 Jonathan Richard Bradshaw, Gillian Main, 'Water poverty in England and Wales', The University of York, September 2014.(http://eprints.whiterose.ac.uk/112981/)

19 Emanuele Lobina, David Hall, 'Poor Choices: Water', Public Services International Research Unit, Business School, University of Greenwich, September 2008, p.102.(http://www.psiru.org/sites/default/files/2008-09-EW-PoorChoicesWater.pdf)

20 「国民生活基礎調査」厚生労働省、平成三〇（二〇一八）年。

第五章

1 'Momentum membership soars above 30,000 as Corbyn-supporting Labour group's influence grows' Indipendent, October 8, 2017.(https://www.independent.co.uk/news/uk/home-news/momentum-membership-jeremy-corbyn-labour-party-leader-supporters-a7988656.html)
'Jeremy Corbyn-backing grassroots group Momentum reaches 31,000 members', Evening Standard, October 8, 2017.(https://www.standard.co.uk/news/politics/jeremy-corbyn-grassroots-group-momentum-reaches-31000-members-a3653176.html)

2 'How Britain voted in the 2019 general election', YouGov, December 17, 2019.(https://yougov.co.uk/topics/politics/articles-reports/2019/12/17/how-britain-voted-2019-general-election)

3 The World Transformed 2018 program(https://www.facebook.com/TWTNow/posts/576855916043059)

4 The World Transformed 2018(https://2018.theworldtransformed.org/)
'The World Transformed', Wikipedia(https://en.wikipedia.org/wiki/The_World_Transformed)

5 Labour policy forum(https://www.policyforum.labour.org.uk/consultation2019)

6 'Employees to be handed stake in firms under Labour plan', The Guardian, September 24,

2018. (https://www.theguardian.com/politics/2018/sep/23/labour-private-sector-employee-ownership-plan-john-mcdonnell)

7 'Is it a good idea to make companies put shares into a workers fund?', YouGov（二〇一八年九月二四日付の調査。https://yougov.co.uk/opi/surveys/results?utm_source=twitter&utm_medium=daily_questions&utm_campaign=question_1#/survey/9832891d-bfd8-11e8-868a-27d174a6aedc/question/d8ede366-bfd8-11e8-b2fd-d185bd10f20a/politics)

8 David Hall, PSIRU, and University of Greenwich 'The UK 2019 election: defeat for Labour, but strongsupport for public ownership', January 2020. (https://gala.gre.ac.uk/id/eprint/26848/7/26848%20HALL_The%20UK_2019_Election_2020.pdf)

9 労働党「影の財務大臣」ジョン・マクドネルの二〇一八年党大会でのスピーチ（https://twitter.com/SkyNewsPolitics/status/1044191411179061248）。

第六章

1 'Anti-austerity movement in Spain', Wikipedia (https://en.wikipedia.org/wiki/Anti-austerity_movement_in_Spain)

2 Spain: Youth unemployment rate from 1998 to 2018. (https://www.statista.com/statistics/813

014/youth-unemployment-rate-in-spain/)

3 'Progressive housing policies in Amsterdam, Barcelona, Berlin and Vienna': Municipalism in Practice (Housing), Report 2018, Rosa Luxemburg Stiftung, p.13.
なお二〇一八年八月の「ラ・バングアルディア」紙は五年前と比べ四八・八％高騰、他メディアも五〇％上昇と報道している。

4 Hug March, Mar Grau-Satorras, David Saurí and Erik Swyngedouw, 'The Deadlock of Metropolitan Remunicipalisation of Water Services Management in Barcelona', Water Alternatives 12(2): 360-379, 2019. p.364. (http://www.water-alternatives.org/index.php/alldoc/articles/vol12/v12issue3/531-a12-2-14/file)

5 Eloi Badia, Moisès Subirana, 'Window of opportunity for public water in Catalonia', *Catalan edition of Our Public Water Future: The global experience with remunicipalisation*, Transnational Institute, April 2015. (https://www.tni.org/files/article-downloads/water_remunicipalisation_in_catalonia_by_mui_and_eloi_eng-final.pdf)

6 前掲 'The Deadlock of Metropolitan Remunicipalisation of Water Services Management in Barcelona', p.364-365.

7 'Barcelona en Comú: an unstoppable transformative tide', openDemocracy, April 2018. (https://www.opendemocracy.net/en/tc-barcelona-housing-bcomu/)

8　前掲 'Window of opportunity for public water in Catalonia', p.2.

9　Satoko Kishimoto, Leandro Bonecini, 'The future for democratic public water: resistance and alternatives', Transnational Institute, April 2018.（https://www.tni.org/en/article/the-future-for-democratic-public-water-resistance-and-alternatives）

10　'The Supreme Court of Spain endorses the PPP of Agbar and the Barcelona Metropolitan Area Authority', Smart Water Magazine, November 2019.（https://smartwatermagazine.com/news/smart-water-magazine/supreme-court-spain-endorses-ppp-agbar-and-barcelona-metropolitan-area）

第七章

1　Sol Trumbo Vila, Satoko Kishimoto, 'A turning tide: Public water officials look to future beyond privatisation', Transnational Institute, October 2015.（https://www.tni.org/en/article/a-turning-tide-public-water-officials-look-to-future-beyond-privatisation）

2　岸本聡子「ミュニシパリズムとヨーロッパ　その1（ヨーロッパ・希望のポリティックスレポート　第1回）」マガジン9、二〇一九年一月（https://maga9.jp/190116-4/）。

3　'Referendum on water privatisation in Italy', European Public Service Union, January 2011.

(https://www.epsu.org/article/referendum-water-privatisation-italy)

4 前政権の縁故主義（汚職）や銀行が貸し付けた無責任で危険な金融商品が原因で発生した自治体の借金を「不当な債務」と呼び、減免を要求する運動がある。ただし、「不当な債務」については、「ミュニシパリズム」の自治体のなかでも「債務は債務だ」とする意見があり、見解が二分している。

5 前掲「ミュニシパリズムとヨーロッパ その1」。

6 'About the Municipalist Map', Fearless Cities. (http://fearlesscities.com/en/about-municipalist-map)

7 Bertie Russell, Oscar Reyes, 'Fearless Cities: the new urban movements', Red Pepper, August 2017. (https://www.redpepper.org.uk/fearless-cities-the-new-urban-movements/)

8 バルセロナ市が設立した電力供給公社 Energia Barcelona は二〇一九年時点でスペイン最大の自治体が所有する電力会社に成長した（http://energia.barcelona/）。

9 'The EU's obstacle course for municipalism', Corporate Europe Observatory, October 2018. (https://corporateeurope.org/en/economy-finance/2018/10/eu-obstacle-course-municipalism)

10 http://2017.fearlesscities.com/speakers/

11 'How to win back the city En Comú: Guide to building a citizen municipal platform', Barcelona En Comú, March 2016. (https://barcelonaencomu.cat/sites/default/files/win-the-city-guide.pdf)

12 'Municipalize Europe!', Barcelona En Comú, Novemver 2018.(https://barcelonaencomu.cat/sites/default/files/document/municipalize_europe.pdf)

13 'Re-municipalisation, nationalisation and compensation — national and international perspectives', University of Greenwich, Seminar. February 6, 2017.(http://www.gre.ac.uk/business/services/events/events/past-events-2016/re-municipalisation,-nationalisation-and-compensation-national-and-international-perspectives)

David Hall, 'Barcelona reorganises public services in the people's interest', Transnational Institute, February 2017.(https://www.tni.org/en/article/barcelona-reorganises-public-services-in-the-peoples-interest)

バルセロナ市議 Eloi Badia のプレゼンテーションあり。

14 Olivier Hoedeman, 'EU obstacles to municipalist public procurement'. *Cities vs Multinationals* の一部として European Network of Corporate Observatories から二〇二〇年に刊行予定。

15 プレストンモデルについては多くのレポート、記事がある。例えば 'The Preston model: UK takes lessons in recovery from rust-belt Cleveland', The Guardian, April 11, 2017. (https://www.theguardian.com/cities/2017/apr/11/preston-cleveland-model-lessons-recovery-rust-belt)。

ワシントンのシンクタンク、Next System Project (https://thenextsystem.org/learn/stories/infographic-preston-model) にも詳しい。

16 *How we built community wealth in Preston; Achievements and lessons*, Centre for Local Economic Strategies and Preston City Council, May 2019. p.6.(https://cles.org.uk/wp-content/uploads/2019/07/CLES_Preston-Document_WEB-AW.pdf)

17 'How Preston — the UK's "most improved city" — became a success story for Corbynomics', New Statesman America, November 1, 2018.(https://www.newstatesman.com/politics/uk/2018/11/how-preston-uk-s-most-improved-city-became-success-story-corbynomics)

18 'Reclaiming the city', New Internationalist, May 25, 2018.(https://newint.org/2018/05/01/feature/reclaiming-the-city)

19 Satoko Kishimoto, Lavinia Steinfort, Olivier Petitjean, 'The Future is Public: Democratic Ownership of Public Services', Transnational Institute, December 2019. p.12.(https://www.tni.org/files/publication-downloads/tni_the-future-is-public_online.pdf)

二〇一九年の再公営化の調査で再公営化によって自治体の支出が削減できた件が二四五、労働者の労働条件が改善した件が一五八報告された。

20 'Democratising local public services: A Plan For Twenty-First Century Insourcing', A Labour Party Report Community Wealth Building Unit, July 2019.(https://labour.org.uk/wp-content/uploads/2019/07/Democratising-Local-Public-Services.pdf)

本文中の日本語タイトルは著者による。

第八章

1 「上水道コンセッション凍結の理由を鈴木康友・浜松市長が吐露」リアルエコノミー、二〇一九年二月（https://hre-net.com/keizai/fm/35834/）。

2 二〇一八年一二月に一万二〇〇〇筆の署名を市長あてに提出、二〇一九年三月に二万六三六筆を追加で提出し、署名数は合計三万二六三六筆となった。

3 「ＰＦＩ法改正法（平成30年法律第60号）概要」（「『未来投資戦略２０１８』の推進状況」別紙）内閣府 民間資金等活用事業推進室、平成三〇年一一月（https://www.kantei.go.jp/jp/singi/keizaisaisei/miraitoshikaigi/suishinkaigo2018/ppp/dai6/siryou1.pdf）。

4 詳しくは、岸本聡子ほか著『安易な民営化のつけはどこに―先進国に広がる再公営化の動き』イマジン出版、二〇一八年、第五章・7。

5 「『水道法改正案』厚生労働委員会（2018.11.27）」YouTube(https://www.youtube.com/watch?v=FXymLT1zgdU)。

「水道事業における官民連携に関する手引き」厚生労働省健康局水道課、平成二六年三月(http://www.pfikyokai.or.jp/doc/doc-gov/doc-gov_shien/mhlw/140328/140328-1.pdf)。

「『水道事業における官民連携に関する手引き（改訂案）』に関する意見募集の結果について」厚生労働省医薬・生活衛生局水道課、令和元年九月（https://search.e-gov.go.jp/servlet/PcmFileD

ownload?seqNo=0000192786)。

6　Klaus Lanz, Kerstin Eitner, 'D12: WaterTime case study — Berlin, Germany', Water Time, January 2005. p.15.(http://www.watertime.net/docs/WP2/D12_Berlin.doc)

7　Manuel Schiffler, *Water, Politics and Money: A Reality Check on Privatization*, Springer International Publishing, 2015. p.108.

前掲 'D12: Water Time case study — Berlin, Germany', p.5, 15-16.

8　これは岩手県盛岡市が試算した例で以下の記事に詳しい。橋本淳司「サステナブルな浄水装置が『日本水大賞』受賞　アジア、アフリカに貢献する日本発の技術とは」、YAHOO! JAPANニュース、二〇一九年六月二八日（https://news.yahoo.co.jp/byline/hashimotojunji/20190628-00131977/）。

9　モード・バーロウ著、佐久間智子訳『ウォーター・ビジネス―世界の水資源・水道民営化・水処理技術・ボトルウォーターをめぐる壮絶なる戦い』作品社、二〇〇八年、第四章。

または、コーポレート・ヨーロッパ・オブザーバトリー、トランスナショナル研究所編、佐久間智子訳『世界の〈水道民営化〉の実態―新たな公共水道をめざして』作品社、二〇〇七年、第三部（インドネシア）。

10　二〇二〇年の本書執筆段階では、ドキュメンタリー映画「最後の一滴まで――ヨーロッパの隠された水戦争」や「どうする？日本の水道――自治・人権・公共財としての水を」が水道問題を包括的に扱った作品としておすすめできる。この二作を上映する映画会を開催するには、ＮＰＯ法人アジア太平洋情報センターの下記サイトから申し込みが必要（有料。http://www.parc-jp.org/video/jouei.html）。

11　内田聖子編著『日本の水道をどうする!?——民営化か公共の再生か』コモンズ、二〇一九年、第四章。

図版作成／ＭＯＴＨＥＲ

岸本聡子（きしもと さとこ）

一九七四年、東京都生まれ。シンクタンク研究員。アムステルダムを本拠地とする、政策シンクタンクNGO「トランスナショナル研究所」に二〇〇三年より所属。新自由主義や市場原理主義に対抗する公共政策、水道政策のリサーチおよび世界中の市民運動と自治体をつなぐコーディネイトを行う。共著に『安易な民営化のつけはどこに』など。

水道、再び公営化！

欧州・水の闘いから日本が学ぶこと

集英社新書一〇一三A

二〇二〇年三月二二日 第一刷発行
二〇二二年七月一六日 第四刷発行

著者……岸本聡子
発行者……樋口尚也
発行所……株式会社集英社
東京都千代田区一ツ橋二-五-一〇 郵便番号一〇一-八〇五〇
電話 〇三-三二三〇-六三九一（編集部）
〇三-三二三〇-六〇八〇（読者係）
〇三-三二三〇-六三九三（販売部）書店専用

装幀……原 研哉
印刷所……大日本印刷株式会社 凸版印刷株式会社
製本所……加藤製本株式会社

定価はカバーに表示してあります。

ISBN 978-4-08-721113-9 C0236
Printed in Japan

a pilot of wisdom

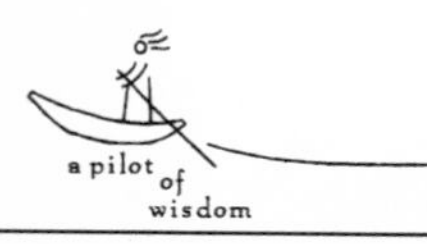
a pilot of wisdom

集英社新書　好評既刊

社会——B

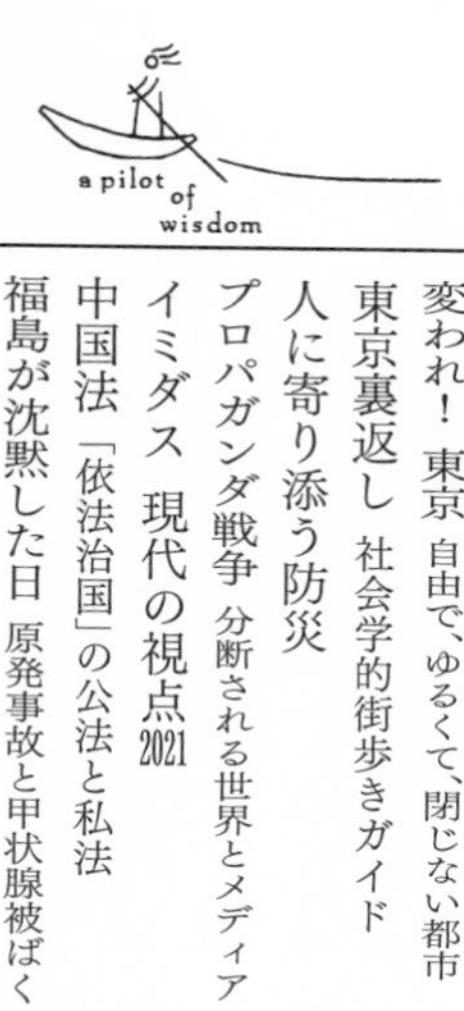
a pilot of wisdom

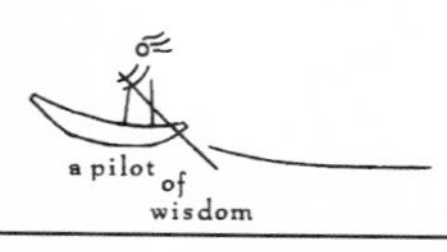
a pilot
of
wisdom

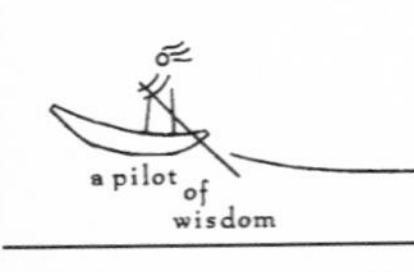

集英社新書　好評既刊

レオナルド・ダ・ヴィンチ ミラノ宮廷のエンターテイナー
斎藤泰弘　1003-F
軍事技術者、宮廷劇の演出家、そして画家として活躍したミラノ時代の二〇年間の光と影を描く。

性風俗シングルマザー 地方都市における女性と子どもの貧困
坂爪真吾　1004-B
性風俗店での無料法律相談所を実施する著者による、ルポルタージュと問題解決のための提言。

羽生結弦を生んだ男　都築章一郎の道程
宇都宮直子　1005-N〈ノンフィクション〉
フィギュア界の名伯楽。私財をなげうち、世界を奔走した生き様、知られざる日露文化交流史を描く！

大学はもう死んでいる？ トップユニバーシティーからの問題提起
苅谷剛彦／吉見俊哉　1006-E
幾度となく試みられた大学改革がほとんど成果を上げていないのは何故なのか？　問題の根幹を議論する。

女は筋肉　男は脂肪
樋口　満　1007-I
筋肉を増やす運動、内臓脂肪を減らす運動……。科学的な根拠をもとに男女別の運動法や食事術が明らかに。

美意識の値段
山口　桂　1008-B
クリスティーズ日本法人社長が、本物の見抜き方と、ビジネスや人生にアートを活かす視点を示す！

モーツァルトは「アマデウス」ではない
石井　宏　1009-F
最愛の名前は、死後なぜ〝改ざん〟されたのか？　天才の渇望と苦悩、西洋音楽史の欺瞞に切り込む。

五輪スタジアム「祭りの後」に何が残るのか
岡田　功　1010-H
過去の五輪開催地の「今」について調べた著者が、新国立競技場を巡る東京の近未来を考える。

証言　沖縄スパイ戦史
三上智恵　1011-D
敗戦後も続いた米軍相手のゲリラ戦と身内同士のスパイ戦。陸軍中野学校の存在と国土防衛戦の本質に迫る。

出生前診断の現場から 専門医が考える「命の選択」
室月　淳　1012-I
「新型出生前診断」はどういう検査なのか。最先端の研究者が、「命の選択」の本質を問う。